高等院校计算机科学与技术、软件工程类系列规划教材

C语言程序设计实验指导书

主 编 黄 敏 李莉丽

副主编 余贞侠 叶 斌 刘仕筠 何钰娟

四川大学出版社

项目策划：毕　潜
责任编辑：毕　潜
责任校对：周维彬
封面设计：墨创文化
责任印制：王　炜

图书在版编目（CIP）数据

C语言程序设计实验指导书 / 黄敏，李莉丽主编. — 成都 : 四川大学出版社，2019.12
ISBN 978-7-5690-3240-6

Ⅰ. ①C… Ⅱ. ①黄… ②李… Ⅲ. ①C语言—程序设计 Ⅳ. ①TP312.8

中国版本图书馆CIP数据核字（2019）第266155号

书名　C语言程序设计实验指导书

主　　编	黄　敏　李莉丽
出　　版	四川大学出版社
地　　址	成都市一环路南一段24号（610065）
发　　行	四川大学出版社
书　　号	ISBN 978-7-5690-3240-6
印前制作	四川胜翔数码印务设计有限公司
印　　刷	郫县犀浦印刷厂
成品尺寸	185mm×260mm
印　　张	9.5
字　　数	242千字
版　　次	2020年6月第1版
印　　次	2020年6月第1次印刷
定　　价	38.00元

◆ 读者邮购本书，请与本社发行科联系。
电话：(028)85408408/(028)85401670/
(028)86408023　邮政编码：610065
◆ 本社图书如有印装质量问题，请寄回出版社调换。
◆ 网址：http://press.scu.edu.cn

四川大学出版社
微信公众号

前　言

C 语言编程是一门实践性极强的课程，需要进行大量的实验练习，本书是《C 语言程序设计》配套的实验指导书。

本书根据教学内容分成 17 个实验，对每部分内容根据难易程度的不同给出梯度练习题，分为基础、提高、挑战三个层次。基础部分较为简单，主要帮助学生理解和运用基本知识；提高部分为中等难度，需要对知识点有更为深入的理解和灵活掌握；挑战部分较难，需要进行深入思考才能完成。使用者可以根据自身情况进行选择性使用。

本书由成都信息工程大学计算机学院余贞侠负责统稿，其中，实验基础部分由何钰娟、刘仕筠编写，提高部分由余贞侠、叶斌编写，挑战部分由黄敏、李莉丽编写。

由于编写时间紧，编者水平有限，书中难免会有不足之处。在教材使用过程中，如有不妥之处，敬请广大读者批评指正。

编　者

2020 年 3 月

目　录

实验一　运行环境

1.1　实验目的

(1) 熟悉 C 语言的编程环境，熟悉编程环境下各种菜单命令的使用方法。
(2) 会编译、运行简单的 C 程序。
(3) 通过运行简单的 C 程序，了解 C 语言程序的结构。

1.2　实验内容

1.2.1　编程环境的使用

1. 安装、启动编程环境

以 VC++6.0 为例介绍编程环境的使用。VC++6.0 是一个庞大的语言集成工具，经安装后将占用几百兆磁盘空间。可以在桌面上双击 VC++6.0 快捷方式启动 VC++6.0 编程环境，也可以在“开始”菜单中找到 Microsoft Visual C++ 6.0 启动 VC++6.0 编程环境。启动 VC++6.0 后，屏幕上将显示如图 1－1 所示的窗口。

2. 新建文件，编辑程序

启动 VC++6.0 编程环境后就可以建立新文件。进入编辑窗口，输入并编辑 C 程序代码。建立新文件有以下两种方式。

第一种：在图 1－1 所示的窗口中，单击“File”菜单中的命令“New”，打开“New”对话框，并单击“Files”选项卡下的“C++Source File”，如图 1－2 所示。在“File”输入框中输入 C 源程序的文件名（注意文件名后需要加扩展名.C 表示是 C 源程序文件，如果不指定扩展名.C，系统会把程序默认为 C++程序，文件扩展名默认为 CPP），本例中输入文件名为“example－1.C”，在“Location”输入框中输入文件保存的位置，或单击输入框右侧的按钮选择保存位置，本例中文件保存位置为“C:\C 语言学习”。单击“OK”按钮，可进入 C 程序的编辑窗口，如图 1－3 所示，窗口标题栏显示正在编辑的程序名称 Microsoft Visual C++ - [C:\C语言学习\example-1.C] 。

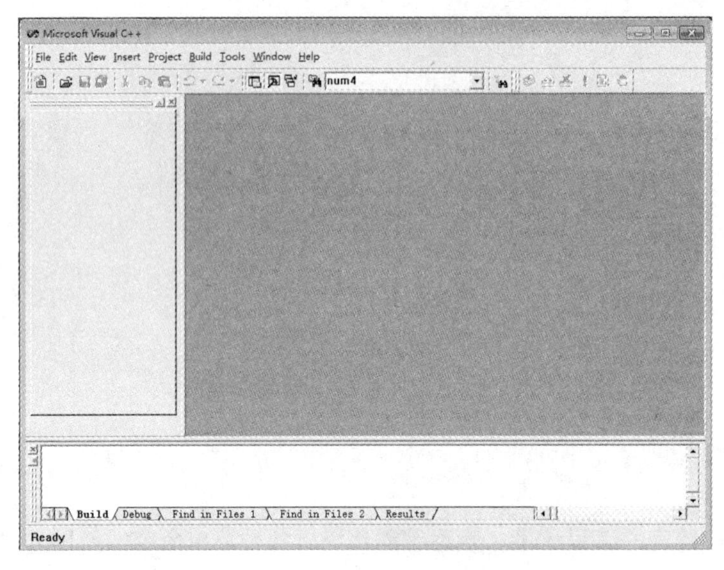

图 1—1　VC++6.0 启动后的窗口

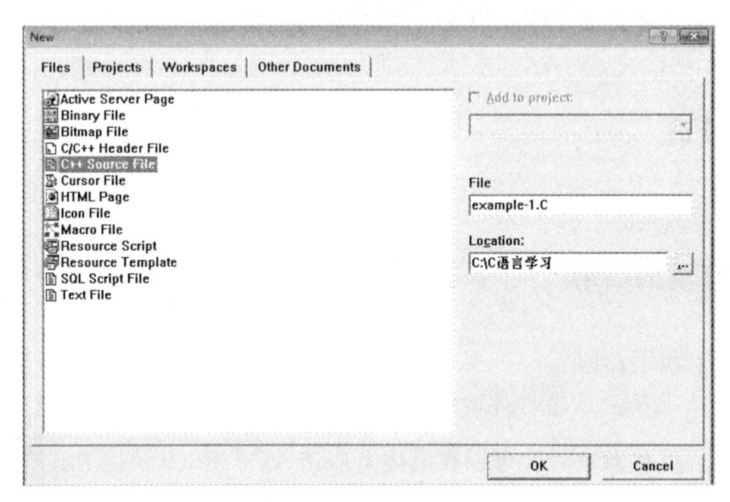

图 1—2　新建 C 源程序文件

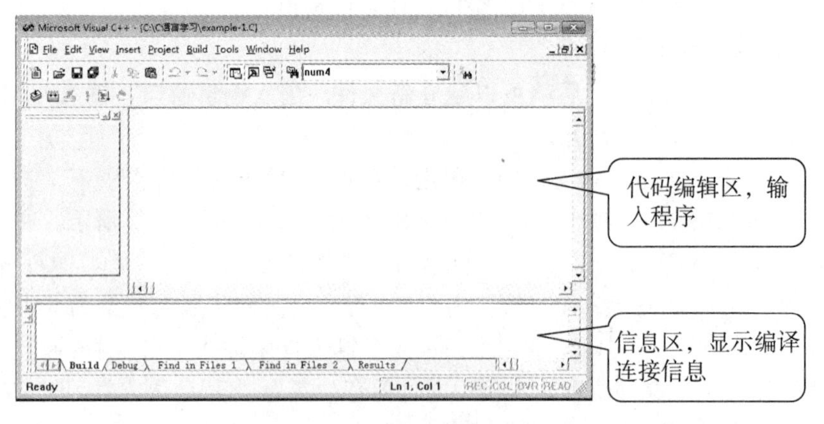

图 1—3　C 源程序编辑窗口

第二种：在图 1－1 所示的窗口中，单击窗口左上角的新建文件图标，即可进入程序编辑窗口。单击工具栏上的保存按钮，或单击窗口中 File 菜单中的 Save 命令，出现“保存为”对话框，在对话框中选择文件保存位置并输入源程序文件名（注意文件名后需要加扩展名. C 表示是 C 源程序文件，如果不指定扩展名. C，系统会把程序默认为文本文件，文件扩展名默认为 txt），单击“OK”按钮，进入 C 程序的编辑窗口，如图 1－3 所示，窗口标题栏显示正在编辑的程序名称。

3. 输入程序代码

在图 1－3 所示的代码编辑区输入如下的程序代码（代码功能为在屏幕上输出 hello, World!），并单击保存按钮保存好刚才输入的内容，如图 1－4 所示。

示例程序源代码：

```
#include <stdio.h>

int main()
{
    printf("Hello, World!\n")
    return 0;
}
```

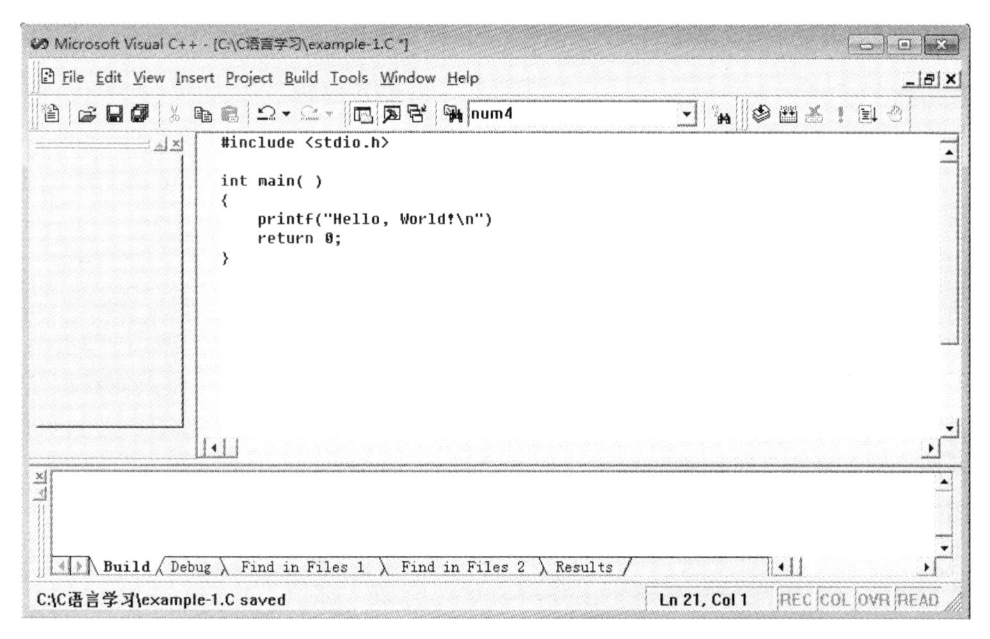

图 1－4　**输入源程序代码**

注意：为了有利于代码的阅读，一行只写一条语句，严格采用阶梯层次组织程序代码。

4. 编译

在代码输入完成后，可对C源程序文件 example-1. C进行编译。编译系统可以检查出程序中的语法错误。语法错误分为两类：一类是错误，以 error 表示，如果程序中有这类错误，就不能通过编译，无法生成目标程序；另一类是警告错误，以 warning（警告）表示，这类错误不影响目标程序生成，但有可能影响运行结果，因此也应当改正，使程序既无 error，也无 warning。

编译程序有以下三种方法：

（1）单击“Build”菜单下的“Compile”命令。

（2）单击工具条中的编译命令。

（3）使用快捷键 Ctrl+F7。

单击编译命令 Compile 后会出现如图 1—5 所示的对话框，询问是否建立一个默认的项目工作区。VC++6.0 必须有项目才能编译，所以应该单击“是”，然后在保存C源程序文件的文件夹里会生成与C源程序文件同名的.dsw 和.dsp 等文件。以后如果想继续编写或修改源程序，可以直接打开扩展名为 dsw 的文件，或打开扩展名为C的源程序文件。

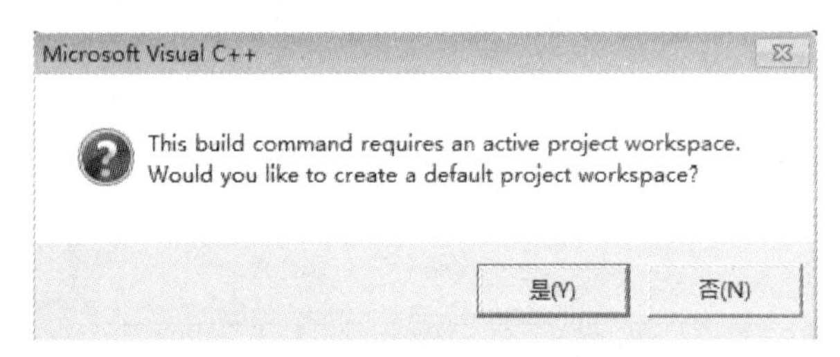

图 1—5　询问是否创建项目工作区对话框

单击图 1—5 所示对话框中的“是”按钮后，系统开始编译源程序。如果编译成功，在信息区会出现“0 error(s)，0 warning(s)”的提示信息，并生成相应的目标文件；如果编译不成功，则会在信息区显示所有错误和警告发生的位置和内容，并统计错误和警告的数量。双击错误信息，光标会跳到发生错误的行，同时该行左侧会出现一个蓝色的标记。但需要注意的是，有时程序中的错误与信息区中显示的编译错误并不是严格地一一对应，需要程序员自己加以分析。

图 1—6 是对 example-1. C编译的结果，信息区中提示有 1 个编译错误。单击信息区右侧的箭头或拖动滑块，可显示出具体的错误信息，如图 1—7 所示。将鼠标移至某行错误上，双击该行错误信息，程序窗口中会出现一个蓝色的粗箭头指示出对应的出错行，提示错误的位置。程序员可根据信息窗口中的错误提示对源程序中的错误进行修改。本例中，用鼠标双击错误信息后，发现箭头指向第 6 行，错误的原因是 return 前缺分号，经过检查，发现是第 5 行末尾漏写了分号，这是因为C语言允许将一个语句分成几行，因此检查完第 5 行末尾无分号时还不能判断该语句有错，必须再检查下一行，直到发现 return 前没有分号（;），才判断出错。在第 5 行末尾添加了分号，再次编译程序后，信息区中会出现“0 error(s),0 warning(s)”的提示信息，并生成相应的目标文件 example-1. obj，说明编译已经通过。

注意：

（1）编译器给出的编译错误与实际错误有时不是严格对应的，因此如果有多条错误，建议从最上面的错误开始修改；有时编译器指出的错误行与实际需要修改的行有差别，在修改错误时要灵活处理，应检查出错点的上下行。

（2）在修改程序的过程中请及时保存程序，以免造成不必要的损失。可单击“工具栏”上的“保存”按钮，或单击菜单“File”中的“Save”命令进行保存操作。

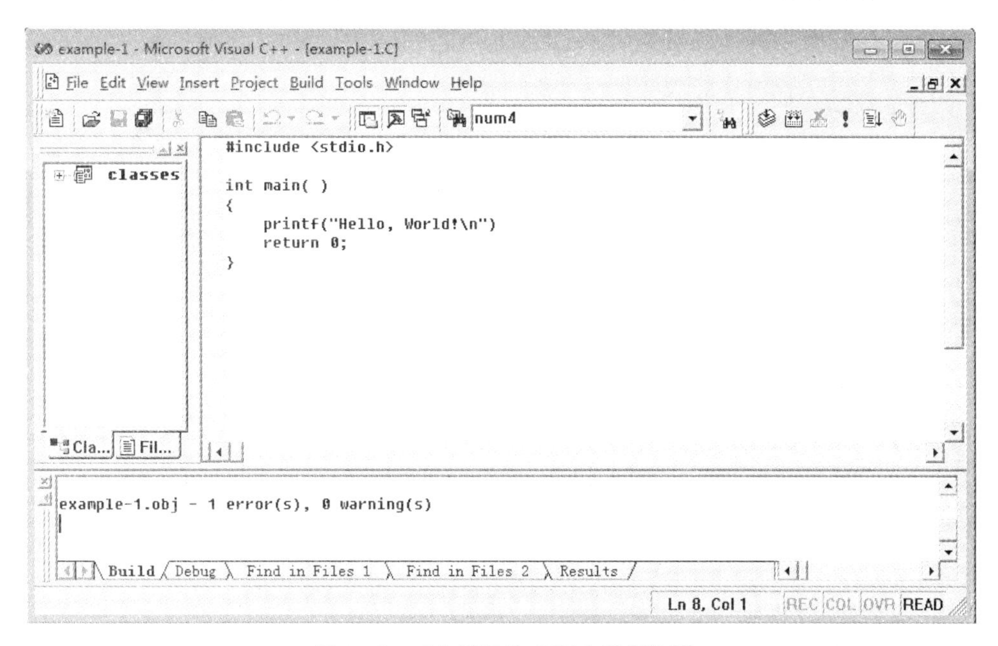

图 1—6　对有错误的 C 程序进行编译

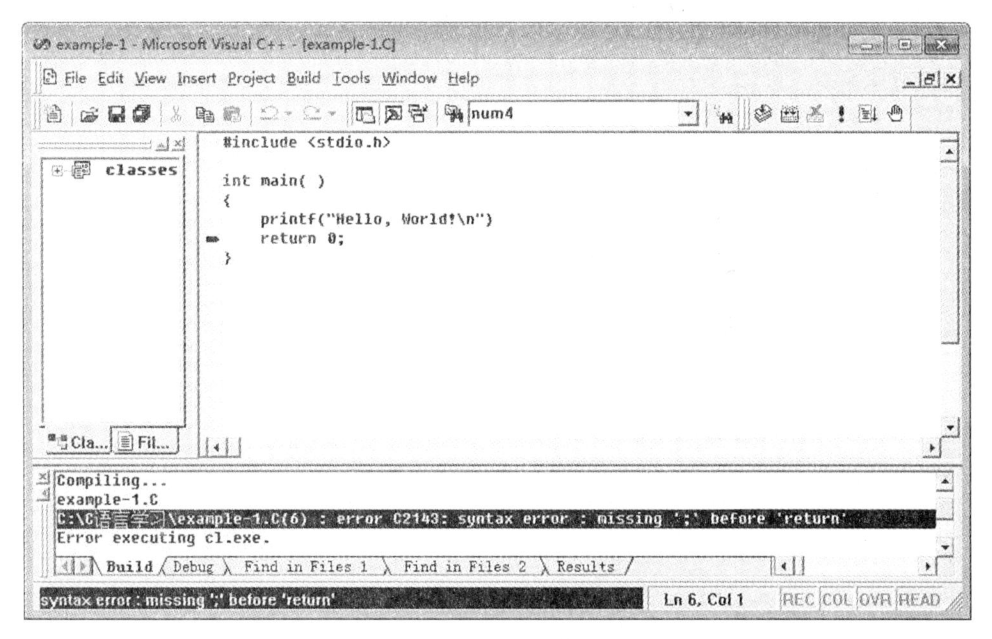

图 1—7　显示编译错误信息

5. 连接

源程序编译成功，得到目标程序 example-1. obj 后，就可以对程序进行连接。此时可以单击“Build”菜单下的“Build”命令，也可以单击窗口工具条中的命令按钮，或按快捷键 F7，对目标程序进行连接操作，如图 1—8 所示。

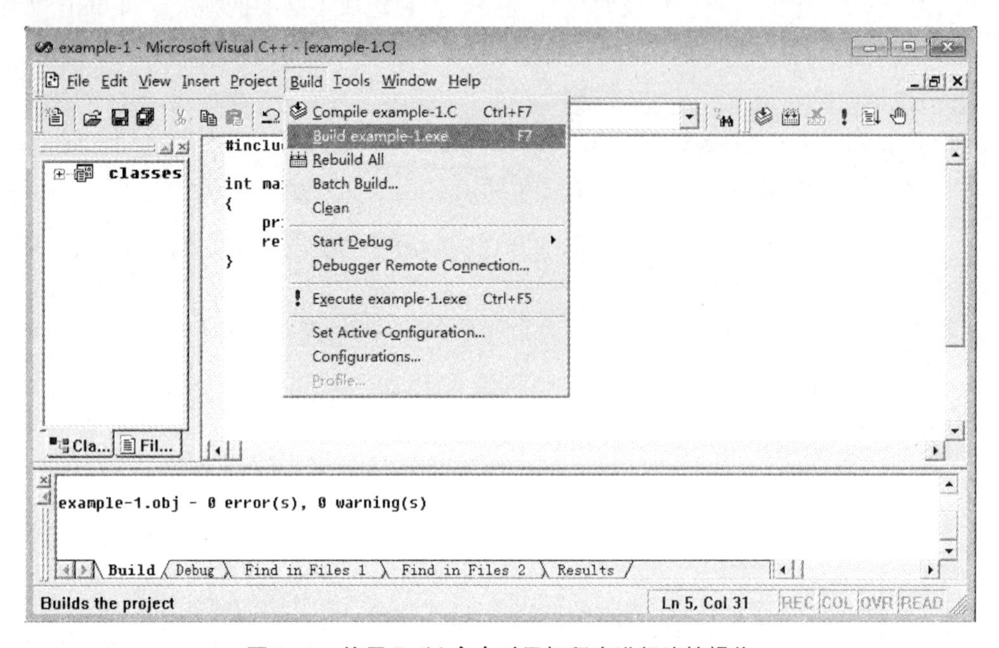

图 1—8 使用 Build 命令对目标程序进行连接操作

执行了 Build 命令后，在信息窗口中显示连接时的信息，如图 1—9 所示，说明无连接错误，此时生成可执行程序文件“example-1. exe”。

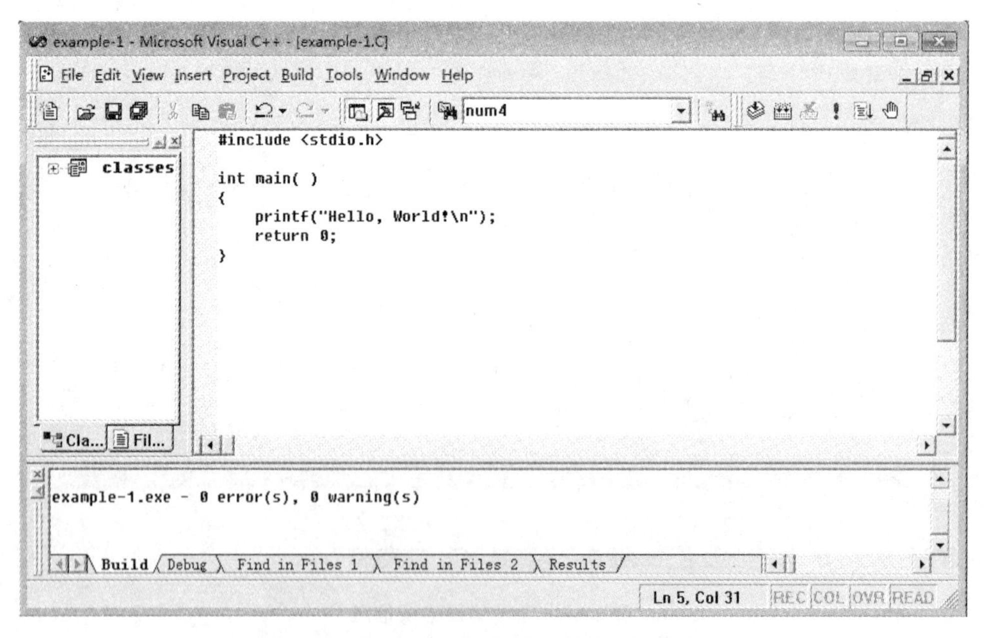

图 1—9 Build 命令执行后生成了可执行文件

6. 运行

在生成可执行文件“example-1. exe”后，可以单击“Build”菜单下的“Execute”命令，也可以单击窗口工具条中的命令按钮!，还可以使用快捷键 Ctrl+F5 运行程序。程序运行后，会出现输出结果的窗口，窗口中显示程序的运行结果，如图 1－10 所示。在本例中，程序的运行结果为“Hello, World!”，而“Press any key to continue”不是程序的输出结果，而是由 Visual C++6.0 系统自动加上的一行提示信息。输出窗口中出现该信息时，说明程序已经运行完毕，按下任意一个键可关闭输出窗口。如果程序运行结果与预期的结果不符，则需要返回编辑窗口修改程序，直到运行结果符合要求。本例中程序的输出结果符合题目要求。

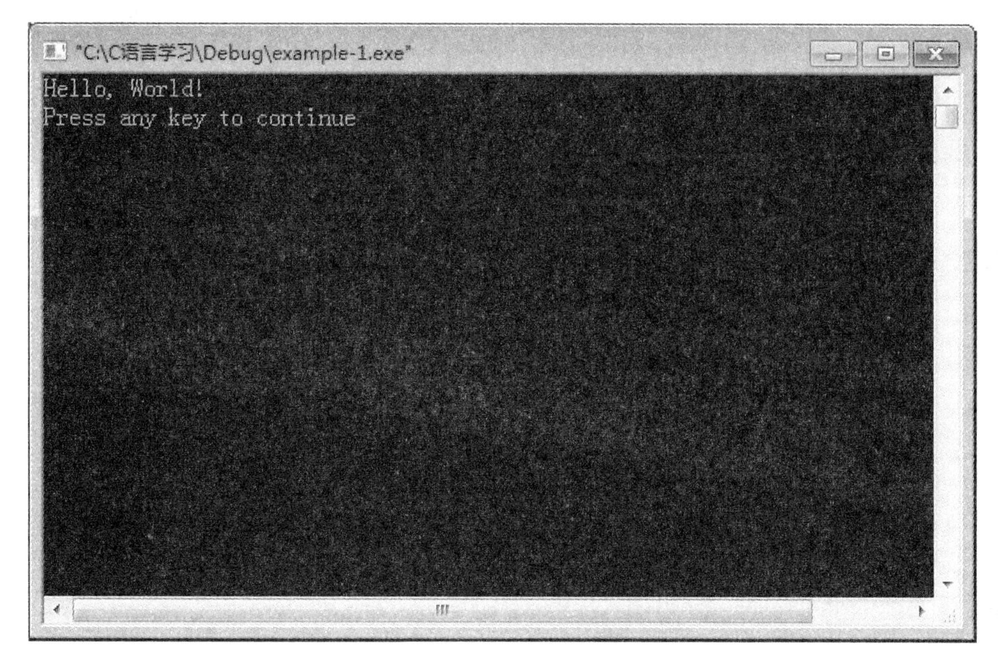

图 1－10　程序运行结果输出窗口

7. 关闭项目工作区

如果已完成对一个程序的操作，想继续编写和操作第二个程序，必须关闭前一个程序的项目工作区，方法为：单击“File”菜单中的“Close Workspace”命令，弹出询问是否关闭对话框，如果选择“是”，将关闭程序工作区中的所有文档窗口。

1.2.2　课堂练习

（1）阅读并运行以下程序。程序的功能是计算并输出两个整数的和。

```
int main()
{
    int a, b, sum
    a=345;
    b=78;
```

```
    sum=a+b;
    printf("sum is %d\n",sum)
    return 0;
}
```

①在 VC++6.0 中输入以上程序。

②对程序进行编译，仔细分析编译信息窗口，可能显示有多个错误，逐个修改，直到不出现错误。编译成功后，再连接程序。

③运行程序，分析运行结果是否正确。

④观察屏幕输出，思考如何使用 printf 按需要的格式输出数据。

（2）修改以上程序，将程序的功能改为：从键盘输入两个整数，计算并输出两个整数的和。以下是修改后的程序，阅读并运行以下程序。

```
#include <stdio.h>
int main()
{
    int a,b,sum;
    printf("请输入 a 和 b:");
    scanf("%d,%d",&a,&b);
    sum=a+b;
    printf("sum is %d\n",sum);
    return 0;
}
```

① 在 VC++6.0 中输入以上程序。

② 编译并运行程序，在运行时从键盘输入“2,7”（不包括双引号），然后按“回车”键，观察程序的运行结果，分析结果是否正确。

③ 再次运行程序，在运行时从键盘输入“2　7”（不包括双引号），然后按“回车”键，观察程序的运行结果，分析结果是否正确。如果不正确，错误原因是什么？

④ 思考如何使用 scanf 输入数据。

1.3 习题

（1）设计程序，在屏幕上输出以下信息：

```
***********************
    I Love China!
***********************
```

（2）设计程序，在屏幕上输出以下图形：

＃

＃ ＃ ＃

＃ ＃ ＃ ＃ ＃

＃ ＃ ＃ ＃ ＃ ＃ ＃

＃ ＃ ＃ ＃ ＃

＃ ＃ ＃

＃

（3）编程实现：从键盘输入两个整数，然后在屏幕上输出这两个数。程序运行效果如下图所示。

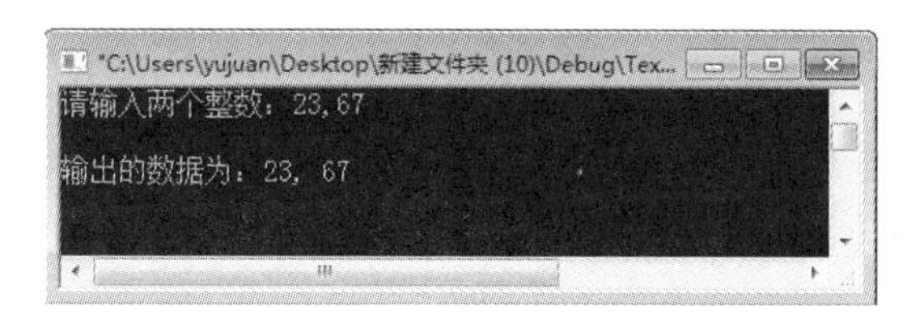

实验二　顺序程序设计

2.1　实验目的

（1）掌握 scanf、printf 函数语句的使用。

（2）掌握算术表达式和赋值表达式的使用。

（3）能够编程实现简单的数据处理。

2.2　实验内容

2.2.1　基础

（1）从键盘输入两个整数，计算这两个整数的和、差、积、商、余数。

思路：

①定义变量。

②调用 scanf 函数输入两个整数。

③使用算术运算符+、-、*、/、%进行运算。

④调用 printf 函数按指定格式输出计算结果。

程序运行效果示例如下：

```
请输入两个整数:65,57
计算结果为:
x+y=122
x-y=8
x*y=3705
x/y=1
x%y=8
```

（2）输入圆的半径，输出圆的周长和面积，屏幕输出时保留 2 位小数，计算时圆周率为 3.14。

思路：

①定义三个实型变量存放半径、周长和面积。

②调用 scanf 函数输入半径。

③使用公式计算周长和面积。

④调用 printf 函数按指定格式输出周长和面积。

程序运行效果示例如下：

请输入圆的半径:23

周长为 144.44,面积为 1661.06

2.2.2　提高

一个物体从 100 米高处自由落下，不考虑空气阻力，地面无弹性，输入下落时间 t 秒，求 t 秒后该物体所在高度。

思路：使用自由落体高度公式，重力加速度为 10 米/平方秒。

练习点：查找需要的计算公式、边界条件，自学新内容。

考虑：结果可以为负值吗？

测试数据:3,6

【思考题】

（1）变量在程序中有什么作用？如何从键盘中输入多个变量的值？

（2）用＃define 定义的常量与变量有什么区别？什么时候应该使用＃define 定义符号常量？

（3）程序中有哪几种流程结构？具体在程序中用什么体现？

2.3　习题

1. 选择题

（1）在 C 语言中，下面不能作为常量的是（　　）。

（A）068　　（B）5.6E−3　　（C）2e5　　（D）0xA3

（2）下列用户自定义标识符合法的是（　　）。

（A）del　　（B）2Y　　（C）＃x　　（D）_name

（3）下面描述正确的是（　　）。

（A）在 C 语言程序中，要调用的函数必须在 main() 函数中定义

（B）在 C 语言程序中，main() 函数必须放在程序的开始位置

（C）C 语言程序总是从第一个函数开始执行

（D）C 语言程序总是从 main() 函数开始执行

（4）下面描述正确的是（　　）。

（A）C 语言程序由若干个过程组成

（B）C 语言程序由若干个子程序组成

（C）C 语言程序由一个主程序和若干个子程序构成

（D）C 语言程序由一个主函数和若干个子函数构成

(5) 若已定义 x 和 y 为 double 型，则表达式 x=1，y=x+3/2 的值是（　　）。

(A) 2.0　　(B) 1.0　　(C) 0.0　　(D) 2.5

(6) 若变量 x，y，z 被定义为 float 型，执行语句 scanf("%f,%f,%f",&x,&y,&z);给三个变量赋值：x 输入 15.0，y 输入 25.0，z 输入 35.0，下列输入形式正确的是（　　）。

(A) 15 25.0 35　　(B) 15 25 35

(C) 15.0 25.0 35.0　　(D) 15,25.0,35.0

(7) 若变量 a，b，c 被定义为 int 型，从键盘给它们输入数据，正确的输入语句是（　　）。

(A) scanf("%f%f%f",&a,&b,&c);

(B) scanf("%c%c%c",&a,&b,&c);

(C) scanf("%d%d%d",a,b,c);

(D) scanf("%d%d%d",&a,&b,&c);

(8) 已知 ch 是字符变量，下面正确的赋值语句是（　　）。

(A) ch='ab';　　(B) ch="abc";　　(C) ch='\08';　　(D) ch='*';

2. 填空题

(1) 将程序补充完整：程序的功能是从键盘读入一个数并在屏幕上显示。

```
#include<stdio.h>
int main(void)
{
    int xy2;
    ________________________
    printf("xy2=%5d\n",xy2);
    return 0;
}
```

(2) 将程序补充完整：程序的功能是将字符串 yy 显示在屏幕上。

```
#include<stdio.h>
int main(void)
{
    char yy[100]="ok??\n";
    ________________________
    return 0;
}
```

3. 程序改错题

(1) 分析下面程序，找到程序中存在的错误并改正，注明为什么错误。程序功能是从键盘输入三个数，计算其平均值在屏幕上显示输出。要求平均值保留两位小数。源代码如下：

```
#include stdio.h
int main()
{
    int x,y,z,float ave;   /*定义变量*/
    printf("请输入三个数:\n);   /*输入提示*/
    scanf("%d,%d,%d",x,y,z);   /*从键盘输入*/
    ave=x+y+z/3;   /*计算*/
    printf("平均值是:ave=%f",AVE);
    return 0;
}
```

测试数据:1,2,5

4. 分析下面程序的运行结果

(1)

```
#include <stdio.h>
#include <math.h>
#include <conio.h>

int main()
{
    int a=1,b=2,c=2;
    float x=10.5,y=4.0,z;
    z=(a+b)/c+aqrt((int)(y))*1.2/x+x;
    printf("z=%f\n",z);
    return 0;
}
```

(2)

```
#include"stdio.h"
int main()
{
    char a=176,b=219;
    printf("%c%c%c%c%c\n",b,a,a,a,b);
    printf("%c%c%c%c%c\n",a,b,a,b,a);
    printf("%c%c%c%c%c\n",a,a,b,a,a);
    printf("%c%c%c%c%c\n",a,b,a,b,a);
    printf("%c%c%c%c%c\n",b,a,a,a,b);
    return 0;
}
```

(3)

```
#include"stdio.h"
int main()
{
    int x,y,z;
    x=y=z=1;
    ++x &&--y &&++z;
    printf("%d,%d,%d\n",x,y,z);
    return 0;
}
```

(4)

```
#include"stdio.h"
int main()
{
    int a=-10,b=-3;
    printf("%d\n",a%b);
    printf("%d\n",a/b*b);
    return 0;
}
```

(5)

```
#include <stdio.h>
int main(void)
{
    char c1,c2,c3,c4,c5,c6,c7,c8,c9,c10,c11;

    printf("\n请输入11个数字:");
    scanf("%d%d%d%d%d%d%d%d%d%d%d",&c1,&c2,&c3,&c4,&c5,
&c6,&c7,&c8,&c9,&c10,&c11);
    printf("\n输出结果为:%c%c%c%c%c%c%c%c%c%c%c",c1,c2,c3,c4,c5,
c6,c7,c8,c9,c10,c11);
    return 0;
}
```

5. 程序设计题

(1) 使用printf函数输出字符，在计算机屏幕上显示如下信息：

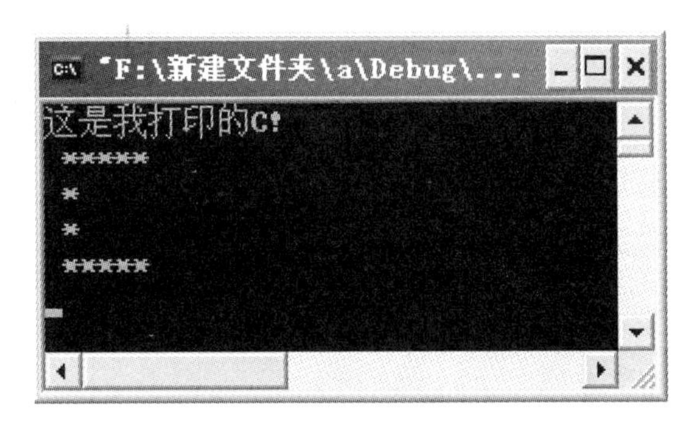

(2) 从键盘读入两个整数，编程实现两个数的加、减、乘、除运算并将结果输出到屏幕上。

(3) 设一个正圆台的上底半径为r1，下底半径为r2，高为h。请设计一程序，从键盘输入r1，r2，h，计算并在显示器上输出该圆台的上底面积s1，下底面积s2，体积V。

要求：

①r1，r2，h用scanf函数输入，且在输入前要有提示。

②在输出结果时要有文字说明，每个输出值占一行，且小数点后取2位数字。

思路：

①圆面积计算公式为 $S = r^2$，其中 r 为圆半径。

②圆台体积计算公式请自行查找。

(4) 从键盘输入任意一个四位正整数，将这个四位数逆序输出。例如，输入：1234，输出：4321。

编程点拨：

通过%和/运算分离出各个位上的值，反序输出时，先输出个位，再十位、百位、千位。

测试数据:1234;8970

(5) 从键盘输入一个四位整数，计算各个位上的数字之和。例如，输入：1234，输出：和为:10。

(6) 编程实现将"Hello"进行密码变换，变换规则是用原来字母后面的第5个字母替代原来的字母。例如"H"后面第5个字母是"M"，用"M"替换"H"，依此类推。

(7) 从键盘读入4个数num1、num2、num3、num4，输出：(num1÷num2的余数)×num3+num4，不需考虑num2为0和计算结果溢出的情况。要求输出的结果中，整数部分宽度为8（不足8时以0补足），小数部分宽度为7。

(8) 从键盘读入5个数据（依次为2个整数、1个字符、2个实数），然后按要求格式倒序输出这五个数据。

假设输入：120 35 A 3.5678 512.48672

则程序的输出为：5−512.48672　4−3.5678　3−A　2−35　1−120

(9) 从键盘输入一日期，年月日之间以"−"分隔，并以同样的形式但以"/"作分隔符输出。

例如输入：2019−10−15

输出：　　2019/10/15

实验三　选择程序设计

3.1　实验目的

（1）熟练掌握关系表达式和逻辑表达式的使用。
（2）熟练掌握用 if 语句和 switch 语句实现多分支结构程序设计。
（3）掌握 switch 语句中 break 语句的用法。

3.2　实验内容

3.2.1　基础

（1）编写一程序实现以下功能：

x（x 只考虑整数 int 且必须定义为 int，但 f(x) 完全可能超过 int 的表示范围）通过键盘输入（输入前给出提示 Please input x:），然后计算并在屏幕上输出函数值。

$$f(x)=\begin{cases}-5x+21, & x<0\\ 511, & x=0\\ 3x-8, & x>0\end{cases}$$

当从键盘输入 3 时，程序运行效果示例如下：

Please input x:3
f(3)=1

（2）编写一程序实现以下功能：

从键盘读入三个整数，按由小到大的顺序输出这三个数。

当从键盘输入 200 1056 72 时，程序运行效果示例如下：

请输入三个数:200 1056 72
这三个数由小到大为:72　200　1056

3.2.2 提高

在商场购物时，付款额 y 由所购物品的总价格 x 和顾客 VIP 等级 v 决定，即

$$y=\begin{cases}x, & v=0\\0.9x, & v=1\\0.8x, & v=2\text{ 或 }v=3\\0.75x, & v\geqslant 4\end{cases}$$

编写一个程序，根据 x 和 v 的值计算出 y 的值。

要求：

(1) 用 scanf 函数输入 x（x 为小数）和 v（整数），且在输入前要有提示。

(2) 使用 if…else 语句和 switch 两种方式实现计算 y 的值。

(3) 使用 printf 输出 y 的值，小数部分保留 2 位。

测试数据:90 0;81 3;80 9;101 −1

【思考题】

(1) 使用 if 语句嵌套的方式和 switch 语句的方式实现有什么优劣？哪些时候不能使用 switch 语句？

(2) 对于多分支结构，使用 if…else if 还是使用嵌套结构？需要注意什么？

(3) 编写分支结构时，条件的编写需要注意什么？

3.3 习题

1. 选择题

(1) 下列关于 if 语句的描述错误的是（　　）。

(A) 条件表达式可以是任意的表达式

(B) 条件表达式只能是关系表达式或逻辑表达式

(C) 条件表达式的括号不能省

(D) 与 else 配对的 if 是其之前最近的未配对的 if

(2) 如果从键盘输入数据 23，下面程序代码段输出的结果是（　　）。

```
int x;
scanf("%d",&x);
if(x>10)
{
    printf("%d",x);
}
if(x>20)
{
    printf("%d",x);
```

```
}
if(x>30)
{
    printf("%d",x);
}
```

(A) 23　(B) 2323　(C) 232323　(D) 都不正确

(3) 下面程序代码段的输出结果是（　　）。

```
int a=15,b=10,c=20,d;
d=a>12?b:c;
switch(d)
{
    case 5:
        printf("%d,",a);
    case 10:
        printf("%d,",b);
    case 20:
        printf("%d,",c);
    default:
        printf("#\n");
}
```

(A) 15,10,20,#　(B) 10,20,#

(C) 10,20　(D) 10

2. 填空题

(1) 下列程序的功能是把从键盘输入的整数取绝对值后输出。

```
#include <stdio.h>
int main(void)
{
    int x;
    scanf("%d",&x);
    if(x<0)
    {
        ____________________
    }
    printf("%d\n",x);

    return 0;
}
```

(2) 下面程序的输出结果是____________________。

```
#include <stdio.h>
```

```
int main(void)
{
    int a=2,b=5,c=7,max;
    max=a>b?a:b;
    max=max>c?max:c;
    printf("max=%d\n",max);
    return 0;
}
```

3. 程序改错题

(1)

```
#include"stdio.h"
int main()
{
    int y;
    float x;
    scanf("%f",&x);
    if(x<0)
        y=-1;
    else if(x=0)
        y=1;
    else
        y=1;
    printf("x=%f,y=%d\n",x,y);
    return 0;
}
```

(2)

```
#include"stdio.h"
int main()
{
    int y;
    float x;
    scanf("%f",&x);
    y=-1;
    if(x!=0)
        if(x>0)
            y=1;
        else
            y=0;
    printf("x=%f,y=%d\n",x,y);
```

```
    return 0;
}
```

4. 分析下面程序的运行结果

(1)

```
#include"stdio.h"
int main()
{
    int x,y,z;
    x=1;
    y=2;
    z=3;
    x+=y+=z;
    printf("%d\n",x<y?++x:y++);
    printf("%d,%d,%d\n",x,y,z);
    return 0;
}
```

(2)

```
#include"stdio.h"
int main()
{
    int x,y;
    scanf("%d",&x);
    if(x<0)
        y=-1;
    else if(x==0)
        y=0;
    else y=1;
    printf("x=%d,y=%d\n",x,y);
}
```

(3)

```
#include"stdio.h"
int main()
{
    int a=8,m=0;
    switch(a%2)
    {
        case 0:m++;break;
        case 1:m++;
        switch(a%3)
```

```
        {
            default:m++;
            case 0:m++;break;
        }
    }
    printf("%d\n",m);
    return 0;
}
```

5. 程序设计题

（1）输入任意一个字符，判断是否是小写字母，如果是，将其转变成大写字母输出，否则原样输出。

（2）编写一个程序，从键盘输入三角形的三条边，如果能构成一个三角形，判断其是否是等腰三角形（等边三角形是等腰三角形的特例）。

要求：用 scanf 函数输入三角形的三条边 a，b，c，且在输入前要有提示；使用 if 语句判断，对每种情况都需要有提示。

注意：能构成三角形的要求是每条边长度为正，且任意两条边之和大于第三边。

测试数据:2 3 4;2 4 4;1 4 6;1 1 4

（3）解一元二次方程：$ax^2+bx+c=0$。三个系数 a，b，c 的值从键盘读入，判断方程是否有实根。如果没有实根，输出“方程无实根”这个信息；否则再判断是有两个相同实根还是不同实根，并将结果输出。

（4）编写一个程序，从键盘输入一个不多于 4 位的正整数，能显示出它是几位数，并按正反两种顺序显示出各位数字。例如，若输入 1234，输出为：

位数:n=4

正序:1234

反序:4321

编程点拨：先判断 x 是否为满足要求，当 x 大于 9999 或 x 小于 0 时，不满足要求；通过%和/运算分离出各数位上的值，先判断千位是否为零，如果为零，则不可能为四位数，再判断百位上的数是否为零，以此类推；反序输出时，先输出个位，再输出十位、百位、千位。

测试数据:1234;897;0;0029

（5）已知圆的方程为 $x^2+y^2=25$，判断平面上任意一点是在所给的圆上、圆内还是圆外。

（6）编写一个程序，从键盘输入字符型变量+、－、*、/ 运算符号，根据输入的运算符不同来选择实现两个实数的运算。

实验四　单循环程序设计

4.1　实验目的

（1）熟练使用 for、while 和 do…while 语句实现循环结构程序设计。

（2）理解循环条件和循环体，以及 for、while 和 do…while 语句的相同及不同之处。

（3）掌握 break 语句和 continue 语句的用法。

4.2　实验内容

4.2.1　基础

（1）编写一个程序，实现以下功能：

从键盘读入一个字符 cBegin 和一个数 iCount，要求输出小于等于 cBegin 的 iCount 个字符。

程序运行效果示例：从键盘输入的数据为 M 9

Please Input a char and a number:M 9

Result:MLKJIHGFE

（2）编写一个程序，实现以下功能：

从键盘读入一个整数 Num，按从小到大的顺序依次输出所有满足条件的三位数，该数各位数字的立方和等于 Num。

程序运行效果示例 1：从键盘输入的数据为 251

Please Input a number:251

Result:155　236　263　326　362　515　551　623　632

程序运行效果示例 2：从键盘输入的数据为 300

Please Input a number:300

Result:not Find!

4.2.2　提高

（1）从键盘读入一个正整数，输出这个数的倒序数。例如，输入：34500，输出：543。

（2）从键盘读入一串字符，以回车作为结束，分别统计其中的英文字母、数字、空格和其他字符的数量。

【思考题】

（1）如何区分 while 和 do…while?

（2）while 语句和 for 语句相比，什么时候使用？哪种形式比较方便？

（3）break 语句和循环条件有什么联系和区别？什么时候使用 break 语句？

4.3　习题

1. 选择题

（1）下列语句中，有语法错误的是（　　）。

（A）while(x=y)5;　　（B）do x++while(x==10);

（C）while(0);　　（D）do 2;while(a==b);

（2）循环语句“for(x=0,y=0;(y!=123)||(x<4);x++);”的循环次数为(　　)。

（A）无限次　　（B）不确定　　（C）4 次　　（D）3 次

（3）在 C 语言中，下列说法中正确的是（　　）。

（A）不能使用“do 语句 while(条件);”的循环

（B）“do 语句 while(条件);”的循环中，当条件为非 0 时结束循环

（C）“do 语句 while(条件);”的循环中，当条件为 0 时结束循环

（D）“do 语句 while(条件);”的循环必须使用 break 语句退出循环

（4）以下程序段中，while 循环的循环次数是（　　）。

```
int i=0;
while(i<10)
{
    if(i<1)
        continue;
    if(i==5)
        break;
    i++;
}
```

（A）死循环　　（B）1　　（C）6　　（D）10

（5）以下程序段的输出结果是（　　）。

```
int s,i;
```

```
for(s=0,i=1;i<3;i++,s+=i);
    printf("%d\n",s);
```

(A) 4　　(B) 5　　(C) 6　　(D) 7

(6) 以下程序段运行时，如果从键盘输入1298再回车，则输出结果为（　　）。

```
int n1,n2;
scanf("%d",&n2);
while(n2!=0)
{
    n1=n2%10;
    n2=n2/10;
    printf("%d",n1);
}
```

(A) 8921　　(B) 1298　　(C) 1　　(D) 9

(7) 下列描述中正确的是（　　）。

(A) 在循环体内使用break语句或continue语句的作用相同

(B) continue语句的作用是结束整个循环的执行

(C) continue语句可以写在循环体之外

(D) 只能在循环体内和switch语句体内使用break语句

2. 程序改错题

(1)

```
#include"stdio.h"
int main()
{
    int i,s;
    for(i=1,s=0;i<=100;i++);
        s+=i;
    printf("sim=%d\n",s);
    return 0;
}
```

(2)

```
#include"stdio.h"
int main()
{
    int i=1,s=0;
    while(i<=100;i++)
        s+=i;i++;
    printf("sim=%d\n",s);
    return 0;
}
```

3. 分析下面程序的运行结果

(1)

```
#include"stdio.h"
int main()
{
    int x,i;
    for(i=0;i<=50;i++)
    {
        x=i;
        if(++x%2==0)
            if(++x%3==0)
                if(++x%7==0)
                    printf("%4d",i);
    return 0;
    }
}
```

(2)

```
#include"stdio.h"
int main()
{
    int i=4,m;
    while(m--)
        printf("%4d",--m);
    return 0;
}
```

(3)

```
#include"stdio.h"
int main()
{
    int i,k;
    for(i='A';i<'I';i++)
        printf("%c",i+32);
    printf("\n");
    return 0;
}
```

(4)

```
#include"stdio.h"
int main()
{
```

```
    int i;
    for(i=1;i<6;i++)
    {
        if(k/2)
        {
            printf(" * ");
            continue;
        }
        printf("@");
    printf("\n");
    return 0;
    }
}
```

4. 程序设计题

(1) 求S=1/1! +1/2! +1/3! +…+1/N! 并输出结果（显示时小数部分占16位，计算时要求从第1项开始往后累加)。N为任意自然数（只考虑int型），从键盘读入。

(2) 求1+2+3+…+X<=Y的最大X及其和sum的值，其中X的值从键盘读入。

(3) 求S=a+aa+aaa+aaa…a。

(4) 根据下面的公式求JI的近似值，精确到小数点后6位。

JI/4=1−1/3+1/5−1/7+1/9−…

(5) 鸡兔同笼问题：已知鸡和兔共有100只，总共有274只脚，问鸡、兔各有多少只?

(6) 猜数游戏：由计算机随机地产生一个10000以内的数，让用户猜这个数，若未猜中，计算机提示大了还是小了，以便用户调整以后再猜，猜数次数不超过3次。

(7) 输出100以内既能被7整除又能被5整除的数。

实验五　多重循环程序设计

5.1　实验目的

熟练掌握嵌套循环程序设计。

5.2　实验内容

5.2.1　基础

编写一个程序，实现以下功能：

输入两个整数 m 和 n，输出大于等于 m（$m>5$）的 n 个素数，输出的各素数间以空格相隔。

注：素数（Prime Number），亦称质数，指在一个大于 1 的自然数中，除了 1 和它自身外，不能被其他自然数整除的数。

程序运行效果示例：从键盘输入数据为 17，5

Input the m,n:17,5

The result:17 19 23 29 31

5.2.2　提高

若一个数恰好等于它的因子（比这个数小且能被它整除的数）之和，这个数就称为“完全数”。编写一个程序，找出 10000 以内的所有完全数，并输出其因子。

程序运行效果示例：6 是一个“完全数”，它的因子是 1，2，3。

5.2.3　挑战

一辆汽车在偏僻之地撞人逃逸，现场有 3 个路人先后看到这辆车，但都不能完整地回忆车牌号，车牌号是四位数，只能确定车牌号的部分信息。路人 1 确定：车牌号的前两位数字相同；路人2确定：车牌号的后两位数字相同，且后两位数字与前两位数字不同；路人3确定四位车牌号正好是某个数的平方。请编程确定符合上述路人描述的车牌号。

5.3 习题

1. 选择题

（1）若有整型变量i，j，则以下程序段中内循环体“printf("ok");”的循环次数为（　　）。

```
for(i=5;i;i--)
{
    for(j=0;j<4;j++)
    {
        printf("ok");
    }
}
```

（A）20　　（B）24　　（C）25　　（D）30

（2）以下程序段的输出结果是（　　）。

```
int i=0,a=0;
while(i<20)
{
    for(;  ;)
    {
        if(i%10==0)
        {
            break;
        }
        else
        {
            i--;
        }
    }
    i+=11;
    a+=i;
}
printf("%d\n",a);
```

（A）21　　（B）32　　（C）33　　（D）11

(3) 以下程序段的输出结果是( )。

```
int i,j,x=0;
for(i=0;i<2;i++)
{
    x++;
    for(j=0;j<3;j++)
    {
        if(j%2)
        {
            continue;
        }
        x++;
    }
    x++;
}
printf("x=%d\n",x);
```

(A) x=4　　(B) x=8　　(C) x=6　　(D) x=12

(4) 以下程序执行后的输出结果是( )。

```
#include <stdio.h>
int main(void)
{
    int i,n=0;
    for(i=2;i<5;i++)
    {
        do
        {
            if(i%3) continue;
            n++;
        }while(!i);
        n++;
    }
    printf("n=%d\n",n);
    return 0;
}
```

(A) n=3　　(B) n=4　　(C) n=2　　(D) n=5

(5) 下面程序的功能是输出以下形式的图案,则在下划线处应填入的是( )。

```
*
***
*****
```

```
*******
#include <stdio.h>
int main(void)
{
    int i,j;
    for(i=1;i<=4;i++)
    {
        for(j=1;j<=__________;j++)
        {
            printf(" * ");
        }
        printf("\n");
    }
    return 0;
}
```

(A) 2*i+1　　(B) i+2　　(C) 2*i-1　　(D) i

2. 填空题

(1)

```
#include<stdio.h>
int main(void)
{
    int i,j,k;

    for(i=1;_______;i++)
    {
        for(j=1;j<5;j++)
        {
            for(k=1;k<5;k++)
            {
                if(i!=k&&i!=j&& _______)
                {
                    printf("%d%d%d",i,j,k);
                }
            }
        }
    }
    return 0;
}
```

3. 分析下面程序的运行结果

(1)

```
#include"stdio.h"
int main()
{
    int i,k,m;
    for(i=2;i<50;i++)
    {
        k=2;
        m=1;
        while(k<=j/2&&m)
            m=j%k++;
    }
    printf("\n");
    return 0;
}
```

4. 程序设计题

(1) 如下图所示，输出 n 行 n 列 *，n 从键盘读入。

```
* * * * * *
* * * * * *
* * * * * *
* * * * * *
* * * * * *
* * * * * *
```

(2) 从键盘输入一个数 n，打印高度为 $2*n-1$ 行的菱形（注：一行中星号之间没有空格，连续打印即可）。例如，当 $n=4$ 时，打印图形如下：

```
      *
    * * *
  * * * * *
* * * * * * *
  * * * * *
    * * *
      *
```

(3) 根据输入的 n（约定：$n>0$）在屏幕上显示对应的图案。

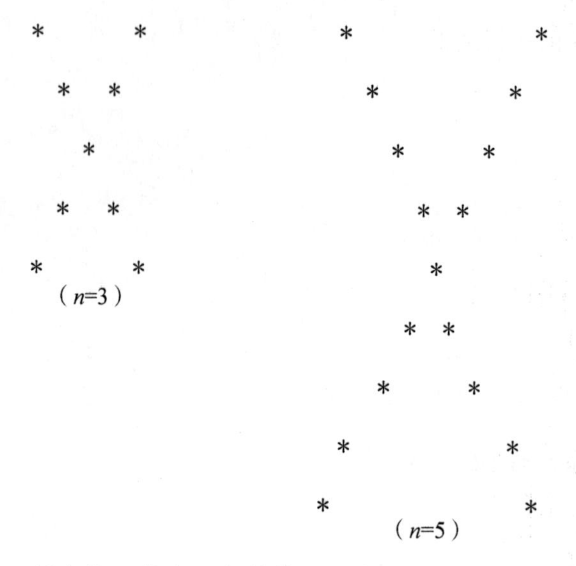

（4）从键盘读入一行字符（约定：字符数小于等于 127 字节），按以下方法将其加密变换：

A−>Z　　a−>z
B−>Y　　b−>y
C−>X　　c−>x
……　　……
Z−>A　　z−>a

即字母 A 变成 Z，字母 B 变成 Y，…，非字母字符不变。最后在屏幕上先显示这一行字符的长度，再显示生成的密文。例如：

输入：sfasfk，lmw4tywerysfcvasgewr xfasftg

输出：zi fu chuan chang du：35

mi wen：huzhup，ond4gbdvibhuxezhtvdi cuzhugt

（5）从键盘读入 m，n（约定：m 和 n 均小于等于 1000 且为正整数），输出介于 m 和 n（含 m 和 n）之间能被 3 整除且至少有位数字是 6 的所有整数。

实验六　函数模块化设计

6.1　实验目的

（1）掌握函数的定义和调用。
（2）掌握函数参数传递形式和返回值的概念。
（3）掌握使用变量作函数参数。
（4）掌握递归函数编程方法。
（5）掌握全局变量和局部变量的区别。

6.2　实验内容

6.2.1　基础

（1）给出年月日，计算该日是该年的第几天。
要求：使用子函数判断是否是闰年。
请输入 2015，9，29 验证结果。
（2）从键盘输入两个整数，求这两个数的最大值并输出。
要求：程序包括两个函数，一个是 main 函数，一个是求最大值的自定义函数 max。main 函数在前，自定义函数 max 在后。在 main 函数中调用自定义函数 max 并输出结果。
程序运行效果示例如下：
请输入两个整数:34,567
最大值为:567
（3）改写第（2）题中的 main 函数，调用 max 函数求三个整数的最大值并输出。

6.2.2　提高

写两个函数，分别求两个整数的最大公约数和最小公倍数。用主函数调用这两个函数，并输出结果。两个整数由键盘输入。

【思考题】

(1) 函数调用时，参数是如何传递的?

(2) 如果在函数中有多条 return 语句，程序执行会如何处理? 如果想返回多个值，应该怎么办?

6.2.3 挑战

印度有一个古老的传说：大梵天创造世界的时候做了三根金刚石柱子，在一根柱子上从下往上按照大小顺序摞着 64 片黄金圆盘。大梵天命令婆罗门把圆盘从下面开始按大小顺序重新摆放在另一根柱子上，并且规定，在小圆盘上不能放大圆盘，在三根柱子之间一次只能移动一个圆盘。假如每秒钟一次，按要求完成共需多长时间? 分别用递归和非递归的方式计算时间。

6.3 习题

1. 选择题

(1) 在 C 语言中，定义函数时如未说明函数类型，则函数的隐含类型为（　　）。

(A) int　　(B) char　　(C) double　　(D) void

(2) 在 C 语言的函数调用中，如果普通变量作为函数的参数，则调用函数时（　　）。

(A) 实参和形参分别占用一个独立的存储单元

(B) 由用户确定是否共用一个存储单元

(C) 实参和形参共用一个存储单元

(D) 由计算机系统确定是否共用一个存储单元

(3) 在 C 语言中规定，函数返回值的类型由（　　）。

(A) 调用该函数时系统临时决定

(B) 调用该函数的主调函数决定

(C) return 语句中的表达式类型决定

(D) 定义该函数时所指定的函数类型决定

(4) 在 C 语言中，下列关于函数的叙述正确的是（　　）。

(A) 函数不可以嵌套定义，但可以嵌套调用

(B) 函数可以嵌套定义，但不可以嵌套调用

(C) 函数可以嵌套定义，也可以嵌套调用

(D) 函数不可以嵌套定义，也不可以嵌套调用

(5) 在一个源程序文件中定义的全局变量的作用域为（　　）。

(A) 本文件的全部范围

(B) 本函数的全部范围

(C) 本程序的全部范围

(D) 从定义该变量的位置开始至本文件结束

2. 填空题

(1) 将程序补充完整：程序的功能是调用函数，显示两个实数间较大的一个。

```
#include<stdio.h>
________________

int main(void)
{
    float a,b;
    a=3.0;
    b=5.6f;
    ________________
    return 0;
}

float max(float x,float y)
{
    if(x<y)
        return y;
    else
        return x;
}
```

(2) 将程序补充完整：程序的功能是计算输出 10 个学生的平均成绩。

```
#include<stdio.h>
double average(double x,y);
int main(void)
{
    int i;
    double score,total=0;
    double aver;
    for(i=1;i<=10;i++)
    {
        printf("Please enter the %d's grade\n",i);
        scanf("%lf",&score);
        total+=score;
    }
    ________________
    printf("The average:%f\n",aver);
    return 0;
}
```

```
double average(double x, y)
{
________________
}
```

3. 分析下面程序的运行结果

(1) 下面程序的运行结果是________________。

```
#include <stdio.h>
void f(int x)
{
    x=20;
    return x;
}
int main()
{
    int x=10;
    f(x);
    printf("%d\n", x);
    return 0;
}
```

(2) 执行下列程序后，变量 a 的值应是________________。

```
#include <stdio.h>
int f(int x)
{
    return x+3;
}
int main()
{
    int a=1;
    while(f(a)<10)
        a++;
    return 0;
}
```

(3) 执行下列程序后，变量 i 的值应是________________。

```
#include<stdio.h>
int ma(int x, int y)
{
    return x * y;
}
```

```
int main()
{
    int i;
    i=5;
    i=ma(i,i-1)-7;
    return 0;
}
```

(4) 下面程序的运行结果是________________。

```
#include <stdio.h>
int function(int a,int b);
int main(void)
{
    int x=5,y=3,s;
    s=function(x,y);
    printf("%d\n",s);
    return 0;
}
int function(int a,int b)
{
    return a*a-b*b;
}
```

(5) 下面程序的运行结果是________________。

```
#include <stdio.h>
long func(int n);
int main(void)
{
    printf("%ld\n",func(5));
    return 0;
}
long func(int n)
{
    if(n>2)
        return func(n-1)+func(n-2);
    else
        return 1;
}
```

4. 程序设计题

(1) 输出 m 和 n 之间的回文素数，m 和 n 从键盘读入（假定满足 $5 \leqslant m \leqslant n \leqslant 100000$）。回文是指正向与反向的字符都一样，例如 1、11、101、131 等，判断是否是回文数用函数实现。

(2) 请将判断一个数是否是完数的功能写成函数，在主函数里调用，找到 1000 以内的所有完数。

(3) 输入三角形的三边长 a，b，c，求三角形面积 area，并输出。如果输入的三边长构不成三角形，应给出“data error”的信息提示。根据“海伦－秦九韶”公式，area$=\sqrt{p(p-a)(p-b)(p-c)}$，其中 $p=(a+b+c)/2$。程序的主函数已经给出，请完成计算面积的函数。

```
#include <math.h>
#include <stdio.h>
double area(double, double, double);
int main(void)
{
    double A, B, C, area;
    printf("please input triange sides:");
    scanf("%lf, %lf, %lf", &A, &B, &C);
    if(A<0 ||B<0 ||C<0 ||(A+B<=C)||(A+C<=B)||(B+C<=A))
    {
        printf("\ndata error \n");
    }
    else
    {
        ____________________  // 调用函数计算三角形面积
        printf("\narea=%.2f\n", area);
    }
    return 0;
}
/* 请在此后完成自定义函数 area */
double area(double, double, double)
{


}
```

(4) 请根据程序中的要求完成程序，程序的功能是：从键盘输入一个整数 n（$n\geqslant 0$）和 x，计算对应的 n 阶勒让德多项式 $P_n(x)$ 的值，并按示例格式输出相应信息。n 阶勒让德多项式 $P_n(x)$ 的定义如下：

$$P_n(x)=\begin{cases}1, & n=0\\ x, & n=1\\ [(2n-1)xP_{n-1}(x)-(n-1)P_{n-2}(x)]/n, & n>1\end{cases}$$

```
#include <stdio.h>

____________________    //自定义函数之原型声明

int main(void)
{
    double Pnx;
    int n, x;

    printf("please input n, x:");
    scanf("%d, %d", &n, &x);

    ____________________    //调用函数计算 Pn(x)
    printf("\nThe answer is %.6f.\n", Pnx);
    return 0;
}
//下面是自定义函数的功能实现
```

(5) 求斐波拉契数列的前 n（约定：$3 \leqslant n \leqslant 20$）项并输出到屏幕上（数和数之间用水平制表符'\t'隔开），斐波拉契公式为：$f(1)=1$，$f(2)=1$，$f(n)=f(n-1)+f(n-2)(n \geqslant 3)$。

实验七　一维数组

7.1　实验目的

（1）掌握一维数组的定义和访问。
（2）掌握一维数组作为函数实参的使用。

7.2　实验内容

7.2.1　基础

（1）从键盘输入10个整数，计算所有正数的和、负数的和以及10个数的和。

程序运行效果示例如下：

请输入10个整数：4 6 20 −45 35 56 −23 −4 9 70

正数和为200,负数和为−72,所有数之和为128

（2）从键盘输入15位同学的成绩（实数），输出最高分、最低分及平均分，输出时结果保留1位小数。

程序运行效果示例如下：

请输入15位同学的成绩：

84 92.6 100 77 34 56 89.6 67.5 90 97 96.3 23 45 12 79

最高分为100.0,最低分为12.0,平均分为69.5

7.2.2　提高

（1）请编写一个程序，使用一维数组输出以下的杨辉三角形（要求输出十行）。

1

1　1

1　2　1

1　3　3　1

1　4　6　4　1

1　5　10　10　5　1

…………

(2) 在大量数据中根据关键字查找内容是我们经常要面对的问题。在数组中根据要求搜索某个特定元素的过程称为“查找”。按照元素下标顺序依次比较查找的方式称为“顺序查找”，也称为“线性查找”。为了提高效率，在有序的数组中查找元素可以采用“折半查找”。

现在有 15 个数按由大到小的顺序存放在一个数组中，输入一个数，要求分别用两种查找法找出该数是数组中的第几个元素。如果该数不在数组中，则输出“无此数”。比较两种算法各自的特点和优劣。

7.2.3　挑战

输入 10 个正整数到一个数组中，然后按每个数的数字和的大小对这 10 个数进行从大到小的排序。

例如：1，2，3，4，5，11，12，13，21，22

各个数的数字和：1，2，3，4，5，2，3，4，3，4

排序的结果：5，4，13，22，3，12，21，2，11，1

7.3　习题

1. 选择题

(1) int stu[5]={1,2,3,4};，stu 各个元素的值是（　　）。

(A) 有语法错误，数组元素有 5 个，而初始化值只有 4 个

(B) 0，1，2，3，4

(C) 1，2，3，4，4

(D) 1，2，3，4，0

(2) float stu[5]={70,60.5,89.2,99,100};，stu[5]的值是（　　）。

(A) 89.2　　(B) 99　　(C) 100　　(D) 不定

(3) 对 10 个整数采用冒泡法排序，外层循环最少执行的次数是（　　）。

(A) 10　　(B) 9

(C) 8　　(D) 取决于 10 个数的具体值

(4) 已知 sizeof(int)=4，语句：int grade[ ]={1,2,3,4};，则系统为数组 grade 共分配了（　　）个字节的内存空间。

(A) 4　　(B) 8　　(C) 16　　(D) 20

(5) 下列一维数组定义语句不正确的是（　　）。

(A) float stu[5]={60.5,89.2,99,100,88.5};

(B) float stu[5]={60.5,89.2,99,100};

(C) float stu[ ]={60.5,89.2,99,100};

(D) float stu[5]={60.5,89.2,99,100,88.5,99.5};

(6) 已知int a[5]={1,2,3,4,5};

int i=2;

下列访问数组元素的方式不正确的是（　　）。

(A) a[0]　　(B) a[2+1]　　(C) a[i*2]　　(D) a[i+3]

(7) int i=1,a[5];，下列数组元素使用不正确的是（　　）。

(A) a[0]=1.5;　　(B) a[i+4]=5;　　(C) a[i]=1;　　(D) a[4]=4;

(8) 已知 int a[5]={1,2,3,4,5};，下列描述不正确的是（　　）。

(A) a 是一维数组名　　(B) a 可以用作函数调用的实参

(C) a 代表数组的第一个元素　　(D) a 对应数组在内存中的起始地址

(9) 已知有程序如下：

```
#include <stdio.h>
int fun1(int m);
int main(void)
{
    int data[10],i;
    ……
    for(i=0;i<10;i++)
    {
        i=fun1(________)
    }
    ……
    return 0;
}
```

上面程序中 fun1 实参正确的选项是（　　）。

(A) data　　(B) &data[i]　　(C) data[i]　　(D) *data[i]

(10) 已知有程序如下：

```
#include<stdio.h>
int fun2(int dt[ ]);
int main(void)
{
    int data[10],i;
    for(i=0;i<10;i++)
        scanf("%d",&data[i]);
    printf("%d",fun2(________));
    return 0;
}
……
```

上面程序中 printf("%d",fun2(______));，fun2 实参正确的选项是（　　）。

(A) data　　(B) &data[i]　　(C) data[i]　　(D) * data[i]

2. 填空题

(1) 下面程序的功能是将数组中的数据逆序输出。

```
#include <stdio.h>
void nixu(int num[],int count);
int main(void)
{
    int num[10]={1,2,3,4,5,6,7,8,9,10};
    printf("数组逆序输出:");
    nixu(num,10);
    return 0;
}
void nixu(int num[],int count)
{
    int i;
    for(i=0;i<count;i++)
    {
        printf(________________________);
    }
}
```

(2) 下面程序的功能是将数组中的最大数输出。

```
#include <stdio.h>
int fun1(int arr[],int n);
int main(void)
{
    int arrA[5],max;

    printf("请输入 5 个数:");
    scanf("%d%d%d%d%d",&arrA[0],&arrA[1],&arrA[2],&arrA[3],&arrA
[4]);
    max=fun1(arrA,5);
    printf("\nMax(arrA)=%d",max);
    return 0;
}

int fun1(int arr[],int n)
{
    int max,i;
```

```
    max=arr[0];
    for(i=1;i<n;i++)
    {
        ______________________
            ______________________
    }
    return max;
}
```

3. 程序改错题

从键盘读入某门课10个学生的成绩（整数），然后输出这门课的平均成绩（保留2位小数）。对程序中下划线错误部分进行修改。

```
#include<stdio.h>
int main(void)
{
    int i,sum;
    int stu[10];
    float aver;
    printf("请输入10个学生的成绩:");
    for(i=0;i<10;i++)
        ********found***********
        scanf("%f",stu[i]);
    for(i=0;i<10;i++)
        sum=sum+stu[i];
    ********found*************
    aver=sum/10;
    printf("平均成绩=%.2f\n",aver);
    return 0;
}
```

4. 分析下面程序的功能

(1)

```
#include <stdio.h>
#include <stdlib.h>
int fun(int m);
int main(void)
{
    int data[10];
    int i;
    for(i=0;i<10;i++)
        scanf("%d",&data[i]);
```

```
    for(i=0;i<10;i++)
    {
        if(fun(data[i]))
            printf("%5d(%1d)",data[i],i+1);
    }
    putchar('\n');
    return 0;
}
int fun(int m)
{
    int i,flag=1;
    for(i=2;i<=m/2;i++)
    {
        if(m%i==0)
        {
            flag=0;
            break;
        }
    }
    return flag;
}
```

以上程序的功能是：______________________________。

(2)

```
#include<stdio.h>
int main(void)
{
    int arr[16]={0};
    int i=0,n,count=0;
    for(i=0;i<16;i++)
    {
        scanf("%d",&n);
        if(n==-1)
        {
            break;
        }
        arr[i]=n;
        count++;
    }
    for(i=count-1;i>=0;i--)
```

```
    {
        printf("%d",arr[i]);
    }
    return 0;
}
```

以上程序的功能是：____。

(3)

```
#include <stdio.h>
#define N 100
int main(void)
{
    float num[N],tmp;
    int n1,i,j,k;
    for(i=0;i<N;i++)
    {
        scanf("%f",&tmp);
        if((int)tmp==-567)
        {
            break;
        }
        else
        {
            num[i]=tmp;
        }
    }
    n1=i;
    for(i=0;i<n1-1;i++)
    {
        k=i;
        for(j=i+1;j<n1;j++)
        {
            if(num[k]<num[j])
            {
                k=j;
            }
        }
        if(k!=i)
        {
            tmp=num[i];
```

```
            num[i]=num[k];
            num[k]=tmp;
        }
    }
    printf("\nResult:");

    for(i=0;i<n1;i++)
    {
        printf("%.1f",num[i]);
    }
    return 0;
}
```

以上程序的功能是：______________________________。

5. 程序设计题

（1）从键盘输入 n 个整数存到一个数组中（数组最大不超过 20），调用自定义的 max 函数从数组中找到最大数并返回。

（2）从键盘输入 n 个整数存到一个数组中（数组最大不超过 20），调用自定义的 sort 函数对数组进行排序，并在主函数中输出排序后的数组元素。

（3）输入一个班学生的数学期末成绩（学生人数不超过 60，分数为整数，输入分数为负数时，结束成绩输入），输出最高分、最低分、平均分、不及格的学生人数。要求最高分、最低分、平均分、不及格人数的求解分别用函数实现，且不能使用全局变量。

（4）现在有一个整型一维数组，数组长度为 11，先往数组中按从小到大的顺序输入 10 个数，再输入 1 个数，将其插入数组中，使得插入后数组中的数据依然是升序排列（程序中不得使用排序的代码）。

（5）从键盘输入 10 个不相同的整数到一个数组中（若输入过程中出现重复的数，则提示“该数已经存在”），然后将数组中第 1 个数与最后 1 个数互换，第 2 个数与倒数第 2 个数互换，……，然后将数组元素逐个输出（程序中只能定义一个数组）。

实验八　二维数组

8.1　实验目的

（1）掌握二维数组的定义和使用方法。
（2）掌握二维数组作为函数实参的使用方法。

8.2　实验内容

8.2.1　基础

（1）求任意一个 $m \times m$ 矩阵的对角线上的元素之和，m（$2 \leqslant m \leqslant 20$）及矩阵元素从键盘输入，矩阵元素的值为整型。

思路：

二维数组元素的位置由元素下标决定，假设行标用 i 表示，列标用 j 表示，$m \times m$ 矩阵对角线上元素的下标应满足条件“i 等于 j”或者“$i+j$ 等于 $m-1$”。

程序运行效果示例如下：

```
Please input m:5
Please input array:
1       45      67      235     464
35      6       89      32342   8
347     9346    47      95      746
46      785     436     19434   634
3235    567     24      8465    25
sum=56339
```

（2）将用 3 行 2 列的二维数组 **A** 表示的矩阵转置后存入 2 行 3 列的数组 **B** 中，输出矩阵 **A** 和矩阵 **B** 各元素的值，数组 **A** 的值从键盘输入。

思路：

矩阵 **A** 转置后存入矩阵 **B**，就是将矩阵 **A** 的行存入矩阵 **B** 的列，例如矩阵 **A** 的第 1

行存放到矩阵 **B** 的第 1 列。

程序运行效果示例如下：

Matrix A:

1　2

3　4

5　6

Matrix B:

1　3　5

2　4　6

8.2.2　提高

找出一个二维数组中的鞍点，即该位置上的元素在该行上最大，在该列上最小，也可能没有鞍点。

假设这是四行五列的矩阵，请输入以下矩阵验证结果：

1　2　3　5　2

3　4　6　7　5

4　3　4　6　7

6　7　5　9　0

8.2.3　挑战

编程输出指定阶数 n（$1\leqslant n\leqslant 15$）的螺旋矩阵：

```
输入你要输出的矩阵阶数:6
 1  2  3  4  5  6
20 21 22 23 24  7
19 32 33 34 25  8
18 31 36 35 26  9
17 30 29 28 27 10
16 15 14 13 12 11
```

8.3　习题

1. 选择题

(1) 已知 int a[5][5]={{1},{2},{3},{4},{5}};，则 a[1][4]的值是（　　）。

(A) 1　　　(B) 2　　　(C) 0　　　(D) 不定

(2) 下列二维数组定义语句不正确的是（　　）。

(A) int a[2][2]={1,2,3,4};　　　(B) int a[ ][2]={1,2,3,4};

(C) int a[2][ ]={1,2,3,4};　　(D) int a[ ][2]={{1},{2}};

(3) 已知：int a[5][5]={{1}, {2}, {3}, {4}, {5}};，下面访问数组元素的语句中正确的是（　　）。

(A) int a[0][5]=4　　(B) int a[5][0]=4

(C) int a[5][5]=4　　(D) int a[0][0]=4

(4) 下列 sum() 函数声明语句不正确的是（　　）。

(A) double sum(double b[ ],int x);

(B) float sum(float b[ ][5],float x);

(C) double sum(double b[5][ ],double x);

(D) double sum(float b[5][5],float x);

(5) 已知有程序如下：

```
#include<stdio.h>
int fun3(int dt[ ][4]);
int main(void)
{
    int data[3][4]={{12,13,14,15},{16,17,50,19},{20,21,22,23}};
    int i,k;
    k=fun3(________);
    printf("%d",k);
    return 0;
}
……
```

上面程序中 k=fun3(________);，fun3 实参正确的选项是（　　）。

(A) data　　(B) data[3][4]　　(C) data[][4]　　(D) data[][3]

2. 填空题

下面程序的功能是输出二维数组中的每一行最大元素的下标。

```
#include <stdio.h>
#define N 20
void max_row(int arr[ ][N],int m,int n);
int main(void)
{
    int row,col;
    int i,j,juZhen[N][N];
    printf("输入矩阵的行列数:");
    scanf("%d%d",&row,&col);

    printf("输入矩阵元素(%d 行,%d 列):\n",row,col);
    for(i=0;i<row;i++)
    {
```

```
        for(j=0;j<col;j++)
        {
            scanf("%d",&juZhen[i][j]);
        }
    }
    puts("");
    max_row(juZhen,row,col);
    return 0;
}
void max_row(int arr[][N],int m,int n)
{
    int i,j,xb,max;

    for(i=0;i<m;i++)
    {
        ____________________
        xb=0;
        for(j=0;j<n;j++)
        {
            if(______________)
            {
                __________________
                xb=______;
            }
        }
        printf("%d 行最大元素的下标为:%d\n",i,xb);
    }
}
```

3. 程序改错题

在一个 3 行 4 列的整数矩阵中，利用 Min() 函数找出最大数。对程序中下划线错误部分进行修改。

```
#include<stdio.h>
***********found**********
int Min(int dt[3][]);
int main(void)
{
    int data[3][]={{12,13,14,15},{16,17,50,19},{20,21,22,23}};
    int i,j,max;
***********found**********
```

```
    max=Min(data[3][4]);
    printf("二维数组的最大值=%d",max);
    return 0;
}
***********found**********
int Min(int dt[3][]);
{
    int min;
    ***********found**********
    max=0;
    ***********found**********
    for(i=1;i<=3;i++)
    {
        ***********found**********
        for(j=1;j<=4;j++)
        {
            ***********found**********
            if(min<dt[i][j])
                min=dt[i][j];
        }
    }
}
```

4. 分析下面程序的运行结果

(1)

```
#include<stdio.h>
int main(void)
{
    int i,j,row,col,max,m;
    int ia[20][20]={0};
    scanf("%d",&m);
    for(i=0;i<m;i++)
    {
        for(j=0;j<m;j++)
        {
            scanf("%d",&ia[i][j]);
        }
    }
    max=ia[0][0];
    for(i=0;i<m;i++)
```

```
	{
		for(j=0;j<m;j++)
		{
			if(max<ia[i][j])
			{
				max=ia[i][j];
				row=i;
				col=j;
			}
		}
	}
	printf("\n%d,%d,%d\n",max,row,col);
	return 0;
}
```

以上程序输出的结果是＿＿＿＿＿＿＿＿＿＿。

(2)

```
#include <stdio.h>
int main(void)
{
	int i,j,m,sum;
	int ia[20][20]={0};
	scanf("%d",&m);
	for(i=0;i<m;i++)
	{
		for(j=0;j<m;j++)
		{
			scanf("%d",&ia[i][j]);
		}
	}
	sum=0;
	for(i=0;i<m;i++)
	{
		for(j=0;j<m;j++)
		{
			if(j==0||j==2||j==m-1)
			{
				sum=sum+ia[i][j];
			}
		}
```

```
    }
    printf("\nSum=%d\n", sum);
    return 0;
}
```

以上程序输出的结果是________________。

(3)

```
#include <stdio.h>
int main(void)
{
    int i,j,m,n,k,sum=0;
    int ia[20][20]={0};
    scanf("%d%d",&m,&n);
    for(i=0;i<m;i++)
    {
        for(j=0;j<n;j++)
        {
            scanf("%d",&ia[i][j]);
        }
    }
    scanf("%d",&k);
    for(i=0;i<m;i++)
    {
        sum=sum+ia[i][k];
    }
    printf("\n%d",sum);
    return 0;
}
```

以上程序输出的结果是________________。

(4)

```
#include <stdio.h>
int main(void)
{
    int i,j,m,sum;
    int ia[20][20]={0};

    scanf("%d",&m);

    for(i=0;i<m;i++)
    {
```

```
        for(j=0;j<m;j++)
        {
            scanf("%d",&ia[i][j]);
        }
    }
    sum=0;
    for(i=0;i<m;i++)
    {
        for(j=0;j<m;j++)
        {
            if(j==0 ||j==2 ||j==m-1)
            {
                sum=sum+ia[i][j];
            }
        }
    }
    printf("\nSum=%d\n",sum);
    return 0;
}
```

以上程序输出的结果是________________。

5. 程序设计题

（1）输入一个 4×4 的整型矩阵，输出矩阵对角线元素之和。

（2）输入整数 n，输出 n 对应的杨辉三角形，并计算杨辉三角形各元素之和（$n<15$）。

```
1
1      1
1      2      1
1      3      3      1
1      4      6      4      1
……    ……    ……    ……    ……    ……
```

（3）将一个 3×2 的矩阵 $\boldsymbol{A}$ 与一个 2×3 的矩阵 $\boldsymbol{B}$ 相乘，并把结果存入矩阵 $\boldsymbol{C}$。

$$\boldsymbol{A}=\begin{bmatrix}11 & 12\\13 & 14\\15 & 16\end{bmatrix}\qquad \boldsymbol{B}=\begin{bmatrix}4 & 5 & 6\\7 & 8 & 9\end{bmatrix}$$

（4）如果二维矩阵中存在一个元素，该元素在所处的行中比其他元素都大，在所处的列中比其他元素都小，该元素称为矩阵的鞍点。输入一个 m 行 n 列的二维矩阵（m，n 小于 20），判断该矩阵有无鞍点存在。若有，则输出值和行列位置；若没有，则输出“该矩阵没有鞍点”。

(5) 将 11 个数按升序输入数组中，再输入一个数，按折半查找法在数组中查找是否存在该数。如果有，则返回其是数组中的第几个数；如果没有，则输出“数组中没有该数”。

实验九　字符数组

9.1　实验目的

（1）掌握字符数组的定义和使用方法。

（2）掌握利用字符数组处理字符串的方法。

9.2　实验内容

9.2.1　基础

（1）通过键盘输入两个姓名（约定：姓名均为汉字且最多 4 个汉字），判断并输出二者是否同姓。

思路：

一个汉字的编码是 2 个字节，根据题目要求，存放姓名的字符数组长度至少是 9（字符串末尾有一个结束标志'\0'）。在判断是否同姓时，因为一个汉字由两个字符数组元素存放，因此需要分别对两个数组的前两个元素进行比较，例如两个数组分别为 name1 和 name2，因此判断条件为“name1[0] 等于 name2[0]”并且“name1[1] 等于 name2[1]”。

程序运行效果示例 1 如下：

请输入姓名 1:张李秀吉

请输入姓名 2:张三

"张李秀吉"与"张三"同姓。

程序运行效果示例 2 如下：

请输入姓名 1:李四菊

请输入姓名 2:张三丰

"李四菊"与"张三丰"不同姓。

（2）从键盘输入一个字符串（约定：字符串长度小于等于 50），要求分别统计出其中英文字母、数字、空格和其他字符的个数。

思路：

该程序可以使用循环语句将数组中的字符逐个取出判断，需要注意的是循环的结束条件，若当前数组元素的值是结束符'\0'，则说明字符串中的所有字符已经判断完毕，循环结束。

程序运行效果示例如下：

请输入一个字符串:My name is Alice. I'm 45 years old.

统计结果为:字母 23 个,数字 2 个,空格 6 个,其他 3 个

9.2.2　提高

输入 n 个字符串（不含空格且只包含英文字符，长度不超过 50），然后将这 n 个字符串按升序排列（字符串比较函数自己编程实现，不得使用 strcmp() 函数），在屏幕上输出排序后的字符串。

9.2.3　挑战

方阵的主对角线之上称为“上三角”，设计一个用于填充 n（n 从键盘读入，约定其取值范围为 1～30）阶方阵的上三角区域的程序。填充的规则是：使用字符 A，B，C，…，从左上角开始进行填充。输出的图形内容与形式如下：

```
输入方阵的阶数n: 1
A
```

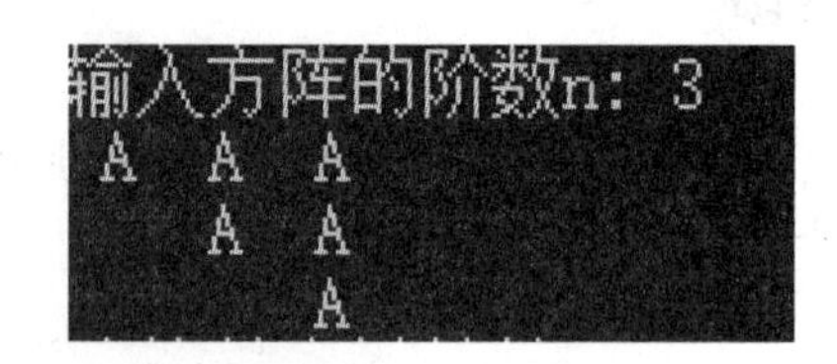

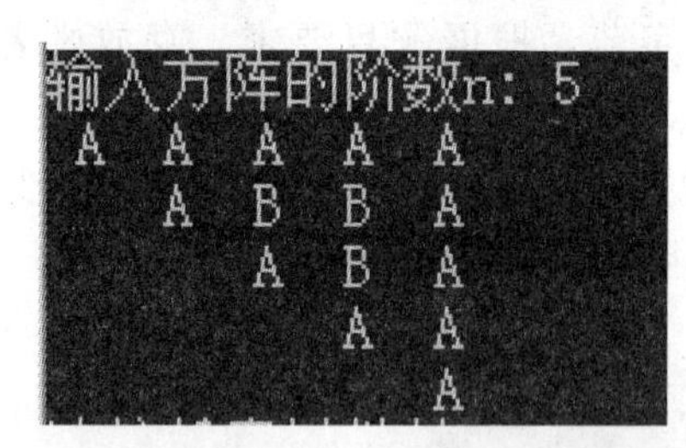

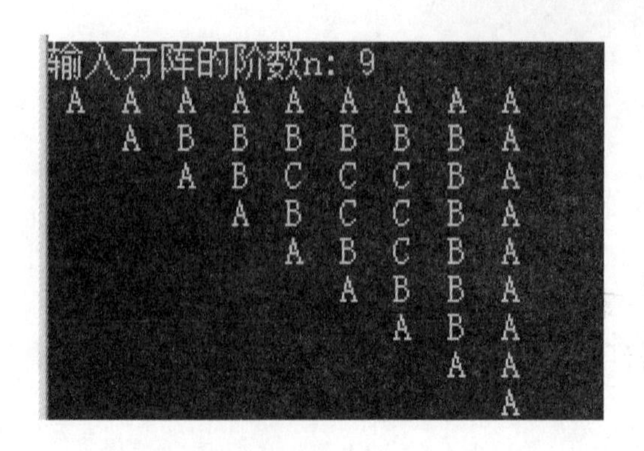

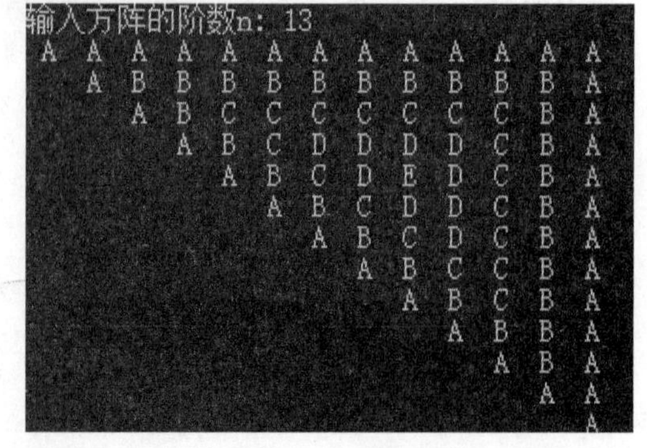

9.3　习题

1. 选择题

（1）下列关于字符串"Chengdu"的描述正确的是（　　）。

（A）该字符串的长度是 7

（B）该字符串的长度是 8

（C）该字符串的存储空间为 7 个字节

（D）该字符串可以通过关系运算符“>”与“chengdu”进行大小比较

（2）已知 int cname[5][20];，下列语句正确的是（　　）。

（A）cname[0][0]="Chengdu";

（B）cname[0]="Chengdu";

（C）strcpy(cname,"Chengdu");

（D）strcpy(cname[0],"Chengdu");

（3）下列关于 gets() 函数的描述不正确的是（　　）。

（A）gets() 函数一次只能读入一个字符串

（B）gets() 函数不能读入有空格的字符串

（C）gets() 函数遇到回车换行结束

（D）调用 gets() 函数，实参可以是一维字符数组名

（4）已知 char a[2][20]={"Liyang","liyang"};，下列能输出字符串"liyang"的语句是（　　）。

（A）if(a[0]>a[1])　printf("n=%s",a[1]);

（B）if(a[0]<a[1])　printf("n=%s",a[1]);

（C）if(strcmp(a[0],a[1])>0)　printf("n=%s",a[1]);

（D）if(strcmp(a[0],a[1])<0)　printf("n=%s",a[1]);

（5）已知 char a[2][20];，下列语句正确的是（　　）。

（A）strcpy(a[0][0],a[1][0]);

（B）strcpy(a[0],"Liyang");

（C）strcpy(a[1],a[2]);

（D）strcpy("Liyang",a[1]);

（6）已知程序如下：

```
#include<stdio.h>
int main(void)
{
    char str[20],ch;
    int i=0;
    printf("请输入字符串:");
    scanf("%c",&ch);
    while((ch!='\n')&&(i<__________))
    {
```

```
        str[i]=ch;
        i++;
        scanf("%c",&ch);
    }
    ......
    printf("输入的字符串是:%s",str)
    return 0;
}
```

上面程序中 while((ch!='\n')&&(i<＿＿＿＿＿＿))下划线处正确选项是（　　）。

(A) 18　　(B) 19　　(C) 20　　(D) 21

(7) 下列程序输出的结果是（　　）。

```
#include<stdio.h>
#include<string.h>
int main()
{
    char a[12]={'C','h','i','n','a'};
    printf("%d",strlen(a));
    return 0;
}
```

(A) 5

(B) 6

(C) 12

(D) 字符数组赋初值时不是赋的字符串，长度不定

2. 填空题

下面程序的功能是输入一个可以带有空格的字符串，然后输出这个字符串，但不输出其中的空格。

```
#include<stdio.h>
int main(void)
{
    char cs[101]={'\0'};
    int i=0;
    printf("Please input a string:");
    ____________
    printf("\nThe result is:");

    while(____________)
    {
        if(____________)
        {
```

```
            printf(____________);
        }
        i++;
    }
    return 0;
}
```

3. 程序改错题

下面程序的功能是从键盘上读入一行字符（约定：字符数小于等于 127 字节），按以下方法将其加密变换：

A->Z　a->z

B->Y　b->y

C->X　c->x

Z->A　z->a

即字母 A 变成 Z，字母 B 变成 Y，…，非字母字符不变。最后在屏幕上先显示这一行字符的长度，再显示生成的密文。

```
#include <stdio.h>
int main(void)
{
    char cs[128],jm[128];
    int i,dx,dd;
    printf("Please input string:");
    gets(cs);
    i=0;
    dx='A'+'Z';
    dd='a'+'z';
    while(i<128)
    {
        if('A'<=cs[i]<='Z')
        {
            jm[i]=dx-cs[i];
        }
        else if('a'<=cs[i]<='z')
        {
            jm[i]=dd-cs[i];
        }
        else
        {
            jm[i]=cs[i];
        }
```

```
        i++;
    }
    jm[i]='\0';
    printf("\n 字符串长度为:%d",i);
    printf("\n 密文:%s",jm);
    return 0;
}
```

4. 分析下面程序的功能

(1)

```
#include<stdio.h>
int main(void)
{
    char cs[128];
    int i=0;
    printf("Input a string:");
    while((cs[i]=getchar())!='\n')
    {
        i++;
    }
    printf("\nThe result is:");
    i--;
    while(i>=0)
    {
        putchar(cs[i]);
        i--;
    }
    putchar('\n');
    return 0;
}
```

以上程序的功能是______________________________。

(2)

```
#include <stdio.h>
int main(void)
{
    char num[5];
    char max,i;

    for(i=0;i<5;i++)
    {
```

```
            scanf("%c",&num[i]);
        }
        max=num[0];
        for(i=1;i<5;i++)
        {
            if(num[i]>max)
            {
                max=num[i];
            }
        }
        printf("\n %c \n",max);
        return 0;
}
```

以上程序的功能是________________。

(3)

```
#include<stdio.h>
int main(void)
{
        char cs[128]={'\0'},ds[128]={'\0'};
        int i=0,num=0;
        gets(cs);
        while(cs[i]!='\0')
        {
            if(cs[i]>='0'&&cs[i]<='9')
            {
                ds[num]=cs[i];
                num++;
            }
            i++;
        }
        printf("\n %d",num);
        printf("\n %s \n",ds);
        return 0;
}
```

以上程序的功能是________________。

(4)

```
#include<stdio.h>

int main(void)
```

```
{
    char cs[128];
    int i=0;

    while((cs[i]=getchar())!='\n')
    {
        i++;
    }
    i--;
    while(i>=0)
    {
        putchar(cs[i]);
        i--;
    }
    putchar('\n');
    return 0;
}
```

以上程序的功能是____________________________。

5. 程序设计题

(1) 统计一个字符串（长度不超过255）中包含的英文单词的数目（单词与单词之间以多个空格进行分割）。

(2) 将一个英文字符串中的所有“abc”部分换成输入的英文字符串（长度不超过10且没有空格）。

要求：①被替换后字符串的总长度不超过511；②不能使用<string.h>中的函数。

实验十　简单指针

10.1　实验目的

（1）掌握如何通过指针访问基本类型变量。

（2）掌握指针变量作函数参数。

（3）掌握指针的基本使用。

10.2　实验内容

10.2.1　基础

程序的功能是：调用函数 swap 实现两个数的交换，并在 main 函数中输出交换过后的结果。程序运行效果示例如下：

交换前:a=12,b=34

交换后:a=34,b=12

请仔细阅读以下 3 个程序，写出每个程序的运行结果，判断哪个程序能实现上述功能，然后上机验证。

（1）程序代码 1：

```
#include<stdio.h>
void Swap(int x,int y);
int main()
{
    int a,b;
    a=12;
    b=34;
    printf("交换前:a=%d,b=%d\n",a,b);
    Swap(a,b);
    printf("交换后:a=%d,b=%d\n",a,b);
```

```
    return 0;
}
void Swap(int x,int y)
{
    int temp;
    temp=x;
    x=y;
    y=temp;
}
```

(2) 程序代码2:

```
#include<stdio.h>
void Swap(int *x,int *y);
int main()
{
    int a,b;
    a=12;
    b=34;
    printf("交换前:a=%d,b=%d\n",a,b);
    Swap(&a,&b);
    printf("交换后:a=%d,b=%d\n",a,b);
    return 0;
}
void Swap(int *x,int *y)
{
    int temp;
    temp=*x;
    *x=*y;
    *y=temp;
}
```

(3) 程序代码3:

```
#include<stdio.h>
void Swap(int *x,int *y);
int main()
{
    int a,b;
    a=12;
    b=34;
    printf("交换前:a=%d,b=%d\n",a,b);
    Swap(&a,&b);
```

```
    printf("交换后:a=%d,b=%d\n",a,b);
    return 0;
}
void Swap(int *x,int *y)
{
    int *temp;
    temp=x;
    x=y;
    y=temp;
}
```

10.2.2　提高

根据要求编写程序的指定部分：

程序功能是从键盘读入 10 个数存入数组中，找出并显示最小元素及其在数组中的位置。请根据程序的功能编写函数 FindMin，除指定位置外，不能对程序中已有部分作任何修改或重新编写一个程序。

```
#include <stdio.h>
/*自定义函数之原型声明*/
________________
int main(void)
{
    int num[10],i,MinVal,MinPos;
    printf("Input 10 integers:");
    for(i=0;i<10;i++)
    {
        scanf("%d",&num[i]);
    }
    MinVal=FindMin(num,10,&MinPos);
    printf("\nMinVal=%d MinPos=%d\n",MinVal,MinPos);
    return 0;
}
```

10.2.3　挑战

按要求完成程序，程序的功能是：对两个无序的整型数组 a，b 进行升序排列，当交换数组中第 i 个元素和第 j 个元素时，分别调用自定义函数 swap1、swap2，即 swap1(a,i,j)及 swap2(&b[i],&b[j])。

10.3 习题

1. 选择题

(1) 若 x 为整型变量，pb 是基类型为整型的指针类型变量，则正确的赋值表达式是（　　）。

(A) pb=&x;　　(B) pb=x;　　(C) *pb=&x;　　(D) *pb=*x;

(2) 函数的功能是交换 x 和 y 中的值，且通过正确调用返回交换结果。能正确执行此功能的函数是（　　）。

(A) funa(int *x,int *y)
{int *p; *p=*x; *x=*y; *y=*p;}

(B) funb(int x, int y)
{int t;t=x;x=y;y=t;}

(C) func(int *x,int *y)
{*x=*y; *y=*z;}

(D) fund(int *x,int *y)
{*x=*x+*y; *y=*x-*y; *x=*x-*y;}

2. 填空题

(1) 从键盘输入两个数，将这两个数按从大到小的顺序输出。

```
#include<stdio.h>
int main(void)
{
    int a,b, *p1, *p2, *p;
    printf("input a,b:");
    scanf("%d,%d",&a,&b);
    p1=&a;
    p2=&b;

    if(________________)
    {
        p=p1;
        p1=p2;
        p2=p;
    }

    printf("a=%d b=%d\n",a,b);
        printf("max=%d min=%d\n", *p1, * p2);
```

```
    return 0;
}
```

3. 分析下面程序的运行结果

(1)

```
void prtv(int *x)
{
    ++ *x;
}
int main()
{
    int a=25;
    prtv(&a);
    printf("%d\n", ++a);
    return 0;
}
```

(2)

```
#include<stdio.h>
void swap(int *x, int *y);

int main(void)
{
    int a=3, b=4;
    swap(&a, &b);
    printf("a=%d b=%d\n", a, b);

    return 0;
}

void swap(int *x, int *y)
{
    int tmpX;
    tmpX= *x;
    *x= *y;
    *y=x;
}
```

(3)

```
#include <stdio.h>
#define N 20
void fun(int *a, int n, int *odd, int *even);
```

```
int main(void)
{
    int a[N]={1,9,2,3,11,6},i,n=6,odd,even;
    printf("The original data is:\n");
    for(i=0;i<n;i++)
    {
        printf("%5d",  *(a+i));
    }
    printf("\n\n");
    fun(a,n,&odd,&even);
    printf("The sum of odd numbers:%d\n",odd);
    printf("The sum of even numbers:%d\n",even);
    return 0;
}

void fun(int *a,int n,int *odd,int *even)
{
    int i,sum_odd=0,sum_even=0;
    for(i=0;i<n;i++)
    {
        if( *(a+i) % 2==0)
        {
            sum_even+=a[i];
        }
        else
        {
            sum_odd+=a[i];
        }
    }
    *odd=sum_odd;
    *even=sum_even;
}
```

4. 程序设计题

(1) 编写一个程序，具备以下功能：从键盘输入两个实数，分别保存到变量 numA 和 numB，调用函数 swap()实现 numA 和 numB 的交换，并在 main 函数中输出交换过后的 numA 和 numB。

```
#include<stdio.h>
int main(void)
```

```
{
    float numA, numB;
    printf("please input numA, numB:");
    scanf("%f, %f", &numA, &numB);
    swap(&numA, &numB);
    printf("\nnumA=%.3f, numB=%.3f\n", numA, numB);

    return 0;
}
/* User Code Begin:在此后完成自定义函数的设计,行数不限 */
```

(2) 编写一个程序，功能是从键盘读入 10 个数存入数组中，找出并显示最小元素及其在数组中的位置。

```
#include <stdio.h>
FindMin(int num[10], int n, int *pos);
int main(void)
{
    int num[10], i, MinVal, MinPos;
    printf("Input 10 integers:");
    for(i=0;i<10;i++)
    {
        scanf("%d", &num[i]);
    }

    MinVal=FindMin(num, 10, &MinPos);
    printf("\nMinVal=%d MinPos=%d\n", MinVal, MinPos);

    return 0;
}
/* User Code Begin:在此后完成自定义函数的设计,行数不限 */
```

实验十一　指针与数组

11.1　实验目的

（1）掌握通过指针如何访问数组中的元素。

（2）掌握通过指针如何访问字符数组。

（3）了解通过指针如何访问二维数组。

（4）了解行指针和列指针的使用。

11.2　实验内容

11.2.1　基础

（1）以下程序使用 5 种不同的方法输出数组 a 的各元素，请仔细阅读和分析程序，并上机验证。

```
#include <stdio.h>
int main()
{
    int i, *p,a[5]={1,3,5,7,9};
    printf("方法 1:");
    for(i=0;i<5;i++)
    {
        printf("%4d",a[i]);/*方法 1*/
    }
    putchar('\n');
    printf("方法 2:");
    for(i=0;i<5;i++)
    {
        printf("%4d", *(a+i));/*方法 2*/
```

```
    }
    putchar('\n');
    printf("方法 3:");
    for(p=a;p<a+5;p++)
    {
        printf("%4d", *p);/*方法 3*/
    }
    putchar('\n');
    printf("方法 4:");
    p=a;
    for(i=0;i<5;i++)
    {
        printf("%4d", *(p+i));/*方法 4*/
    }
    putchar('\n');
    printf("方法 5:");
    p=a;
    for(i=0;i<5;i++)
    {
        printf("%4d",p[i]);/*方法 5*/
    }
    putchar('\n');
    return 0;
}
```

（2）编写程序，从键盘输入 10 个整数存入数组，然后将数组中的值逆序存放并输出，要求使用指针变量访问数组元素。

程序运行效果示例如下：

```
请输入 10 个数:1 3 5 4 6 9 10 11 2 8
逆序后:8 2 11 10 9 6 4 5 3 1
```

11.2.2　提高

按要求完成程序，程序的功能是：先从 main 函数中输入数组长度 n（约定：$n\leqslant20$），再调用自定义函数 scanfArr 完成数组中的每个元素读入，然后分别调用自定义函数 maxArr、aver 计算数组元素的最大值、平均值，最后输出最大值、平均值。要求用指针完成函数中数组参数的传递以及各个数组元素的访问。

部分代码：

```
#include <stdio.h>
```

```
//本部分代码功能建议:函数原型声明

int main(void)
{
    int Data[20],n,max;
    double average;

    printf("Please input the number n=");
    scanf("%d",&n);
    printf("Please input the array elements:");
    scanfArr(Data,n);
    max=maxArr(Data,n);
    average=aver(Data,n);
    printf("\nmax=%d\naverage=%.2f\n",max,average);
    return 0;
}

/* User Code Begin:在此后完成自定义函数的设计,行数不限 */
```

11.2.3 挑战

编写一个程序，从键盘读入 m 与 n（约定：m，n 的范围为 2~20），再读入 $m \times n$ 矩阵，然后对该矩阵进行转置，最后输出转置后的矩阵。

```
#define MAX 10
rotate(int(*arrA)[MAX],int(*arrB)[MAX],int m,int n);
int main(void)
{
    int arrA[MAX][MAX],arrB[MAX][MAX],i,j,m,n;

    printf("请输入 m n:");
    scanf("%d%d",&m,&n);
    printf("请输入%d行%d列矩阵:\n",m,n);
    for(i=0;i<m;i++)
    {
        for(j=0;j<n;j++)
        {
            scanf("%d",&arrA[i][j]);
        }
    }
```

```
    rotate(arrA,arrB,m,n);   /* 调用函数进行转置 */
    printf("\n转置后的矩阵为:\n");
    for(i=0;i<n;i++)
    {
        for(j=0;j<m;j++)
        {
            printf("%5d",arrB[i][j]);
        }
        putchar('\n');
    }

    return 0;
}
/* User Code Begin:在此后完成自定义函数的设计,行数不限 */
```

11.3　习题

1. 填空题

程序的功能是利用指针输出二维数组 a 的各个元素值。

```
#include<stdio.h>

int main(void)
{
    int a[2][3]={1,2,3,4,5,6},i,j;
    int *p;

    ____________________
    for(i=0;i<2;i++)
    {
        for(j=0;j<3;j++)
        {
            printf("%3d",*(*(p+i)+j));
        }
        printf("\n");
    }

    return 0;
}
```

2. 程序改错题

(1) 程序的功能是输出数组中下标为偶数的字符。改正程序中的错误。

```
#include<stdio.h>

int main(void)
{
    /*********Found************/
    charyy[200]="abcdefghijk";

    while(*yy!='\0')
    {
        putchar(*yy);
        /*********Found************/
        yy++;
        if('\0'==*(yy-1))
        {
            break;
        }
    }

    return 0;
}
```

(2) 程序的功能是从键盘输入 10 个数作为数组 arrA 的元素，并输出数组 arrA 的 10 个元素值。改正程序中的错误。

```
#include <stdio.h>

int main(void)
{
    int *ptr,i,arrA[10];
    /*********Found************/
    ptr=arrA[0];
    for(i=0;i<10;i++)
    {
        scanf("%d",ptr++);
    }
    printf("\n");
    /*********Found************/
    ptr=arrA[2];
    for(i=0;i<10;i++,ptr++)
```

```
    {
        printf("%d", * ptr);
    }
    printf("\n");
    return 0;
}
```

3. 分析下面程序的运行结果

(1)

```
#include<stdio.h>
void fun(int  * s)
{
    static int j=0;
    do
    {
        s[j]+=s[j+1];
    }  while(++j<2);
}
int main()
{
    int k,a[10]={1,2,3,4,5};
    for(k=1;k<3;k++)
        fun(a);
    for(k=0;k<5;k++)
        printf("%d",a[k]);
    return 0;
}
```

(2)

```
#include<stdio.h>
int main(void)
{
    charstr[30]="abc123& * rest981 $ 16", * pstr;
    int i,j,k,m,e10,digit,ndigit,a[30], * pa;
    pstr=&str[0];
    pa=a;
    ndigit=0;
    i=0;
    j=0;
    while(1)
    {
```

```
        if(( * (pstr+i) >='0')&&( * (pstr+i)<='9'))
        {
            j++;
        }
        else
        {
            if(j>0)
            {
                digit= * (pstr+i-1)-'0';
                k=1;
                while(k<j)
                {
                    e10=1;
                    for(m=1;m<=k;m++)
                    {
                        e10=e10 * 10;
                    }
                    digit=digit+( * (pstr+i-1-k)-'0') * e10;
                    k++;
                }
            * pa=digit;
            ndigit++;
            pa++;
            j=0;
            }
        }
        if('\0'== * (pstr+i))
        {
            break;
        }
        i++;
    }

    printf("There are %d numbers in this line. They are:\n",ndigit);
    for(j=0;j<ndigit;j++)
    {
        printf("%d",a[j]);
    }
    printf("\n");
```

```
    return 0;
}
(3)
#include <stdio.h>
void findmax(int(*pArr)[4],int *pmax,int m,int n);

int main(void)
{
    int arr[3][4]={1,4,3,5,9,2,4,6,8,10,5,7}, *pa,max[3],i;

    pa=arr[0];
    findmax(arr,max,3,4);
    for(i=0;i<3;i++)
    {
        printf("line %d's max=%d\n",i,max[i]);
    }
    return 0;
}

void findmax(int(*pArr)[4],int *pmax,int m,int n)
{
    int i,j;
    for(i=0;i<m;i++,pmax++)
    {
        *pmax=*(*(pArr+i));
        for(j=1;j<n;j++)
        {
            if(*(*(pArr+i)+j)>*pmax)
            {
                *pmax=*(*(pArr+i)+j);
            }
        }
    }
}
```

4. 程序设计题

(1) 从键盘上读入一行字符，删除除英文字母“A~Z、a~z”外的所有其他字符，并输出剩余的字符。要求用指针完成函数中数组参数的传递以及各个数组元素的访问，且函数中不得再定义和使用数组，即自定义函数头和函数体中不得出现数组下标形式的表示法。其中主函数已经给出。

```
#include <stdio.h>
int main(void)
{
    charstr[100];

    printf("Please input the string:");
    gets(str);
    deleteother(str);
    printf("\noutput:%s\n",str);
    return 0;
}
```

（2）字符串穿插。

①从键盘上先后读入两个字符串，假定存储在字符数组 str1 和 str2 中。注意：这两个字符串最长均可达到 127 个字符，最短均可为 0 个字符。

②将字符串 str2 插入字符串 str1 中，插入方法为：str2 的第 i 个字符插入原 str1 的第 i 个字符后，如果 str2 比 str1（假定 str1 的长度为 L1）长，则 str2 的第 L1 个字符开始到 str2 结尾的所有字符按在 str2 中的顺序放在新生成的 str1 后。提示：合并时可使用中间数组。例如：

str1 输入为“123456789”，str2 输入为“abcdefghijk”，则输出的 str1 为：

1a2b3c4d5e6f7g8h9ijk

③在屏幕上输出新生成的 str1。

（3）编写具有以下功能的程序：将 3 位学生 4 门课成绩读入并存储在二维数组 score 中，然后输出第 n（约定：$n \leqslant 2$）个学生的成绩，要求用户编程部分对数组 score 及其元素的访问必须使用指针实现，即自定义函数头和函数体中不得出现数组下标形式的表示法。

```
#include<stdio.h>
search(float( * score)[4],int n);
int main(void)
{
    int n,i;
    float score[3][4];
    printf("input student's score:\n");
    for(i=0;i<=2;i++)
    {
        printf("    student %d:",i);
        scanf("%f %f %f %f",&score[i][0],&score[i][1],&score[i][2],&score
[i][3]);
    }
```

```
    printf("\ninput student No:");
    scanf("%d",&n);
    search(score,n);
    return 0;
}
/* User Code Begin:考生在此后完成自定义函数的设计,行数不限 */
```

(4) 编写一个程序，具有以下功能：先从 main 函数中输入数组长度 n（约定：$n\leqslant 20$），再调用自定义函数 scanfArr 完成数组中的每个元素读入，然后分别调用自定义函数 maxArr、aver 计算数组元素的最大值、平均值，最后输出最大值、平均值。要求用指针完成函数中数组参数的传递以及各个数组元素的访问，即自定义函数头和函数体中不得出现数组下标形式的表示法。

```
#include <stdio.h>
scanfArr(int *Data,int *n);
maxArr(int *Data,int *n);
aver(int *Data,int *n);

int main(void)
{
    int Data[20],n,max;
    double average;
    printf("Please input the number n=");
    scanf("%d",&n);
    printf("Please input the array elements:");
    scanfArr(Data,n);
    max=maxArr(Data,n);
    average=aver(Data,n);
    printf("\nmax=%d\naverage=%.2f\n",max,average);
    return 0;
}
/* User Code Begin:此后完成自定义函数的设计,行数不限 */
```

实验十二　多重指针

12.1　实验目的

(1) 掌握返回指针的函数。
(2) 了解指向函数的指针使用。
(3) 掌握指针数组的使用。
(4) 了解多重指针的使用。
(5) 了解命令行参数的使用。

12.2　实验内容

12.2.1　基础

完善程序，实现以下功能：

从键盘上输入 5 个字符串（约定：每个字符串中字符数小于等于 80 字节），对其进行升序排列并输出。

要求：不能对程序中已有部分进行任何修改或重新编写一个程序。

主函数部分的代码已经给出：

```
#include<stdio.h>
#include<string.h>

#define MAX_LINE 5
#define MAX_LINE_LEN 81

int main(void)
{
    int i;
    char *pstr[MAX_LINE], str[MAX_LINE][MAX_LINE_LEN];
```

```
    for(i=0;i<MAX_LINE;i++)
    {
        pstr[i]=str[i];
    }

    printf("Input 5 strings:\n");
    for(i=0;i<MAX_LINE;i++)
    {
        gets(pstr[i]);
    }
    sortP_Str(pstr);
    printf("------------------------------\n");
    for(i=0;i<MAX_LINE;i++)
    {
        printf("%s\n",pstr[i]);
    }
    return 0;
}
```

程序运行效果示例：

```
hello
My
Friend
are you ready?
help me!
```

上面是从键盘输入的内容。

```
Input 5 strings:
hello
My
Friend
are you ready?
help me!
------------------------------
Friend
My
are you ready?
hello
help me!
```

12.2.2 提高

从键盘上输入多个字符串（约定：每个字符串不超过 8 个字符且没有空格，最多 50 个字符串），用"*End*"作为输入结束的标记（"*End*"不作为有效的字符串）。再从所输入的若干字符串中，找出一个最大的字符串，并输出该字符串。主函数部分代码已经给出：

```
#include <stdio.h>
#include <string.h>

//在此处给出函数原型声明

int main(void)
{
    char *pStr[50],str[50][9];
    int Count=0,max;

    printf("****Input strings****\n");
    Count=input(pStr,str);

    printf("\nmax=");
    find(pStr,Count,&max);
    printf("%s\n",pStr[max]);
    return 0;
}
```

12.2.3 挑战

利用指向函数的指针编写一个用矩形法求定积分的通用函数，用它分别求以下 8 个函数值：

$$\int_a^b (1+x)\mathrm{d}x,\ \int_a^b (2x+3)\mathrm{d}x,\ \int_a^b (\mathrm{e}^x+1)\mathrm{d}x,\ \int_a^b (1+x)^2\mathrm{d}x,$$

$$\int_a^b x^2\mathrm{d}x,\ \int_a^b \sin x\mathrm{d}x,\ \int_a^b \cos x\mathrm{d}x,\ \int_a^b \mathrm{e}^x\mathrm{d}x,$$

其中 a，b 从键盘输入，求定积分的函数定义为：

```
double integral(double(*fun)(double),double a,double b);
```

12.3　习题

1. 填空题

程序功能是逆序输出所有命令行参数，不包括命令本身。

```
#include <stdio.h>

int main(int argc, char *argv[])
{
    while(________________)
    {
        printf("%s\n", ________________);
        --argc;
    }
    return 0;
}
```

2. 分析下面程序的运行结果

```
#include <stdio.h>
int split(char *str, char **pStr);
int main(void)
{
    char str[200]="I am chinese", *pStr[101];
    int i=0, count;

    count=split(str, pStr);
    printf("%d Words\n", count);
    for(i=0;i<count;i++)
    {
        printf("word %d:%s\n", i, pStr[i]);
    }
    putchar('\n');
    return 0;
}
int split(char *str, char **pStr)
{
    int i, word=0, j=0;
    for(i=0; *(str+i)!='\0';i++)
        if( *(str+i)!=' ')
```

```
        {
            if(word==0)
            {
                word=1;
                *(pStr+j)=str+i;
                j++;
            }
        }
        else
        {
            word=0;
            *(str+i)='\0';
        }
        return j;
}
```

3. 程序设计题

（1）编写一个程序，制作一个简单计算器，实现以下功能：

①需要计算的内容从命令行输入，格式为：可执行文件名 数 1 op 数 2，当命令行格式不正确（参数个数不为 4）时，应报错。

②op 的取值范围为+、-、*、/、%，超出此范围则应报错。

③数 1 和数 2 均为整数（int），op 为+、-、*时不考虑运算结果超出 int 型能表示的范围，op 为/、%时不考虑除数为 0 的情况，但 op 为/时计算结果应保留 2 位小数。

④程序的返回值（即由 main 函数 return 的值和程序使用 exit 终止运行时返回的值，也称退出代码）规定为：正常运行结束时，返回 0；命令行格式不对时，返回 1；op 超出范围时，返回 2。

（2）编写一个程序，实现以下功能：从键盘上输入 5 个字符串（约定：每个字符串中字符数小于等于 80 字节），对其进行升序排列并输出。例如，输入：China　America　Japan　France Russia，则以下程序的输出结果应实现为：

```
America
China
France
Japan
Russia
```

程序部分代码如下：

```
#include<stdio.h>
#include<string.h>

#define MAXLINE 20
void sort(char *pstr[]);
```

```
int main(void)
{
    int i;
    char *pstr[3],str[3][MAXLINE];
    for(i=0;i<3;i++)
    {
        pstr[i]=str[i];
    }
    printf("Please input:");
    for(i=0;i<3;i++)
    {
        scanf("%s",pstr+i);
    }
    sort(pstr);
    printf("output:");
    for(i=0;i<3;i++)
    {
        printf("%s\n",*(pstr+i));
    }
    return 0;
}
/*User Code Begin:在此后完成自定义函数的设计,行数不限*/
```

(3) 本题要求实现一个字符串子串查找函数。函数 substr 在字符串 s1 中查找子串 s2，返回子串 s2 在 s1 中的首地址；若未找到，则返回 NULL。

```
#include <stdio.h>

char *substr(char *s,char *t);
int main()
{
    char s1[30],s2[30],*pos;
    gets(s1);
    gets(s2);
    pos=substr(s1,s2);
    if(pos!=NULL)
        printf("%d\n",pos-s1);
    else
        printf("NULL\n");
    return 0;
```

```
}
/* User Code Begin:在此后完成自定义函数的设计,行数不限 */
```

实验十三　结构体数组

13.1　实验目的

（1）熟悉结构体的定义、赋值与输入、输出方式。
（2）能用结构数组解决一般应用问题。
（3）熟悉结构数组作函数参数的使用方式。

13.2　实验内容

13.2.1　基础

（1）创建一个结构体，该结构体的成员为学号、姓名、性别、年龄。从键盘输入五个学生的信息存入一个结构体数组中，并输出到屏幕上。说明：学号和年龄为整型数据，姓名最多三个汉字，性别为一个汉字。

程序运行效果示例如下：

请输入 5 个学生的数据：
1001 张美 女 18
1002 李希希 女 20
1003 黄海 男 17
1004 林高山 男 23
1005 唐子玫 女 19
这 5 个学生分别为：
1001 张美 女 18
1002 李希希 女 20
1003 黄海 男 17
1004 林高山 男 23
1005 唐子玫 女 19

（2）程序的功能是：已知 5 名学生的信息，从键盘输入学生姓名，根据姓名查找该学生是否存在，如果存在，则输出学生信息，否则输出不存在提示。程序已给出部分代码，请完善程序。

程序运行效果示例如下：

请输入你要查找的学生姓名:李云龙

查找的学生信息为:1002 李云龙 92.5 67.5 81.5

已给的部分程序代码：

```
#include <stdio.h>
#include <string.h>
struct stu
{
    int iNum;
    char cName[16];
    float fCh,fMath,fEng;
};
int main()
{
    struct stu student[]={{1001,"张三丰",69.5,61.5,91.5},{1002,"李云龙",
92.5,67.5,81.5},{1003,"郭靖",79.5,67.5,86.5},{1004,"苗翠花",83.0,75.5,84.0},
{1005,"张无忌",65.5,81.5,71.0}};
    char name[16];
    int i;
    printf("请输入你要查找的学生姓名:");
    gets(name);
    /*以上已给出部分代码,请在下方补充代码,实现程序的查找功能*/

    return 0;
}
```

13.2.2 提高

（1）编程实现做一个针对 N 个学生的简易成绩管理系统。学生信息包括学号、姓名、年龄、三门课成绩。完成的功能主要有两个：一是对平时成绩从高到低排序显示；二是在有序结果里如果加入一个学生，结果仍然成绩有序。

（2）从键盘上读入 5 个学生的姓名(char(10))、学号(char(10))和成绩(int)，要求成绩必须在 0～100 之间，否则重新读入该学生信息。最后输出不及格学生的学号、姓名和成绩。要求用指针完成函数中结构体数组参数的传递以及各个数组元素的访问，访问结构体成员时使用->形式，自定义函数头和函数体中不得出现数组下标形式的表示法。部分代码已给出，完善其他部分使程序能完成功能要求。

```
#include <stdio.h>
```

```
/* User Code Begin:此后完成自定义函数的声明,行数不限 */

int main(void)
{
    struct stu stud[5];
    input(stud,5);
    printf("\nfailed the exam:");
    output(stud,5);

    return 0;
}

/* User Code Begin:此后完成自定义函数的设计,行数不限 */
```

13.2.3　挑战

（1）编程实现做一个针对 N 个学生的简易成绩管理系统。学生信息包括学号、姓名、年龄、三门课成绩。完成的功能是有学生退学时，根据学生的学号将其全部信息从表中删除。后续仍可以对其他学生进行成绩排名等操作，但人数操作始终正确。

（2）设有 10 名歌手（编号为 1～10）参加歌咏比赛，另有 6 名评委打分，每位歌手的得分从键盘输入。计算出每位歌手的最终得分（扣除一个最高分和一个最低分后的平均分，最终得分保留 2 位小数），最后按最终得分由高到低的顺序输出每位歌手的编号及最终得分。

13.3　习题

1. 填空题

（1）程序的功能是：给结构体各成员赋初值，显示各成员的值。

```
#include<stdio.h>
int main(void)
{
        struct WORKER
        {
            ____________;
            char name[20];
            char sex;
        };
        ________________;
```

```
        printf("please input num, name, sex:\n");
        scanf("%d %s %c", &worker1.num, worker1.name, &worker1.sex);
        printf("worker's info:num=%d name=%s sex=%c\n", ________________
________);
    return 0;
}
```

(2) 程序的功能是：输入输出三位学生的学号、姓名。

```
#include <stdio.h>
int main(void)
{
    struct student
    {
        int num;
        char name[10];
    } stu[3], * ptr;
    int i;
    for(i=0;i<3;i++)
    {
        scanf("%d, %s", &stu[i].num, stu[i].name);
    }
    for(ptr=stu; ____________; ____________)
    {
        printf("%d, %s\n", ptr->num, ptr->name);
    }
    return 0;
}
```

(3) 程序的功能是：定义长度为 3 的结构体数组，函数 input_record 与 print_record 分别完成一个结构体数据的读入与显示。通过循环完成整体结构体数组的输入与输出。

```
#include<stdio.h>
#define N 3
struct comm
{
    char name[20];
    int No;
}________________;

void input_record(____________________);
void print_record(struct comm * p);
```

```
int main(void)
{
    int i;
    for(i=0;i<N;i++)
    {
        input_record(commun+i);
        print_record(______________);
    }
    return 0;
}

void input_record(____________________)
{
    printf("Set a record\n");
    scanf("%s %d",p->name,&p->No);
}

void print_record(struct communication *p)
{
    printf("Print a record\n");
    printf("Name:%s\n",____________);
    printf("No:%d\n\n",____________);
}
```

2. 程序改错题

分析下面程序，找到程序中存在的错误并改正，注明为什么错误。

(1) 程序的功能是：给结构体各成员赋初值，显示各成员的值。

```
#include<stdio.h>
int main(void)
{
    typedef struct
    {
        int num;
        char name[20];
        char sex[10];
        int age;
    }STU;
    struct STU stu1={1,"marry","boy",18};
    printf("number is %d,name is %s,sex is %s,age is %d",num,name,sex,age);
    return 0;
```

```
}
```

(2) 程序的功能是：使用指针输出结构体变量 stu1 的成员 name 之值。

```
#include <stdio.h>

int main(void)
{
    struct student
    {
        int num;
        char name[10];
        float score[3];
    } stu1={2012,"WuHua",{75.4f,80,92}};
    struct student *ptr;
    ptr=stu1;
    printf("%s\n",ptr.name);
    return 0;
}
```

(3) 程序的功能是：有三个学生的信息（包括学号和成绩）保存在主函数的结构体数组中，主函数调用函数 FindMaxScore 以找出多个学生中成绩最大者的下标。

```
#include <stdio.h>
struct Student
{
    char No[11];
    int Score;
};

int FindMaxScore(struct Student stu[],int n);

int main(void)
{
    struct Student stus[3]={{"2008030201",89},{"2008030202",92},{"2008030203",
78}};
    int k;

    k=FindMaxScore(stus,3);
    printf("成绩最高的学生信息是:\n");
    printf("学号\t\t成绩\n");
    printf("%s\t%d\n",stus[k].No,stus[k].Score);
    return 0;
```

```
}

int FindMaxScore(struct Student stu[],int n)
{
    int i,max,k;
    max=stu[k].Score;
    for(i=1;i<n;i++)
    {
        if(stu[max].Score<stu[i].Score)
        {
            k=i;
            max=stu[k].Score;
        }
    }
    return max;
}
```

3. 程序设计题

程序的功能是：有五个学生，每个学生的数据包括学号、姓名（最长19字节）、三门课的成绩，从键盘输入五个学生的数据，并计算每个学生的平均成绩，最后显示最高平均分的学生的信息（包括学号、姓名、三门课的成绩、平均分数）。部分程序已给出，编写程序指定部分：

```
#include <stdio.h>

struct student
{
    int num;
    char name[20];
    float score1,score2,score3;
    float aver;
};

void Input(struct student *pStu,int n);
int Highest(struct student *pStu,int n);

int main(void)
{
    int high;/* high记录平均分最高的学生的序号,具体使用参考后面的代码 */
    struct student myClass[5];
```

```
    /* User Code Begin:此后完成自定义函数的声明 */

    printf("\nThe Highest is %s(%d)\nscore1=%.2f   score2=%.2f   score3=%.
2f   aver=%.2f\n",
        myClass[high].name,myClass[high].num,
        myClass[high].score1,myClass[high].score2,myClass[high].score3,
myClass[high].aver);

    return 0;
}

/*输入N个学生的信息并计算平均分*/
void Input(struct student *pStu,int n)
{
    int i;
    struct student tmpStu;

    printf("Please input students  info:Num Name score1 score2 score3\n");
    for(i=0;i<n;i++)
    {
        printf("%d:",i+1);
        scanf("%d%s%f%f%f",&tmpStu.num,tmpStu.name,&tmpStu.score1,
&tmpStu.score2,&tmpStu.score3);
        pStu[i]=tmpStu;
        pStu[i].aver=(pStu[i].score1+pStu[i].score2+pStu[i].score3)/3.0f;
    }
}

/*找出并通过函数值返回最高平均分学生的序号*/
int Highest(struct student *pStu,int n)
{
    int i,pos=0;
    /*User Code Begin:此后完成自定义函数的设计,行数不限*/

    return pos;
}
```

实验十四　链表基本操作

14.1　实验目的

（1）熟悉链表的特性。

（2）掌握链表的建立、输出操作。

（3）熟悉链表的其他一般操作。

14.2　实验内容

14.2.1　基础

完善程序，实现以下功能：

从键盘读入学生信息（学号、姓名），创建链表，然后遍历输出链表内容。

已给出部分代码：

```
#include <stdlib.h>
#include <stdio.h>

#define LEN sizeof(struct student)

struct student
{
    int num;
    char name[20];
    struct student *next;
};

struct student *creat(void);
void display(struct student *head);
```

```
int main(void)
{
    struct student  * head;
    head=creat();
    display(head);
    return 0;
}

struct student  * creat(void)
{
    struct student  * p1, * p2, * head=NULL;
    p1=p2=(struct student  * )malloc(LEN);
    printf("请输入学号及姓名(均输入为 0 时表示停止):\n");
    scanf("%d %s", &p1->num, p1->name);
    while(p1->num)
    {
        if(NULL==head)
        {
            head=p1;
        }
        else
        {
            ________________;//待补充
        }
        ________________;//待补充

        p1=(struct student  * )malloc(LEN);
        scanf("%d %s", &p1->num, p1->name);
    }

    if(head!=NULL)
    {
        p2->next=NULL;
    }
    ________________;//待补充
}

void display(struct student  * head)
```

```
{
    struct student *p1;
    p1=head;
    while(p1!=NULL)
    {
        printf("%d,%s\n",p1->num,p1->name);
        p1=p1->next;
    }
}
```

14.2.2　提高

（1）有 10 个学生的信息，包括学号、姓名、年龄，组成结构体数组。编程实现将该数组的 10 个学生数据读出形成链表。

（2）给定两个链表，每个链表中的结点包括学号、成绩。编程实现将两个链表中学号有交集元素的显示在屏幕上。

14.2.3　挑战

（1）给定两个链表存放数据，编程实现将两个链表数据的交集形成新链表。

（2）给定两个链表存放数据，编程实现将两个链表数据的并集形成新链表。

14.3　习题

1. 填空题

（1）程序的功能是：调用相应的函数，实现多个学生信息的输入（使用 CreateList 函数将多个学生的信息读入并存放到单链表中）和输出（使用 Output 函数输出链表中的全部学生信息）。

```
#include <stdio.h>
#include <stdlib.h>

struct Student
{
    char No[11];
    char Name[11];
    int Age;
};
struct Node
```

```
{
    struct Student Stu;
    ____________________;
};

void CreateList(struct Node * Head);
void Output(struct Node * Head);

int main(void)
{
    struct Node * Head;
    Head=________________________________________;
    Head->Next=NULL;
    CreateList(____________);
    Output(Head);
    return 0;
}

void CreateList(struct Node * Head)
{
    int i=0;
    char YN[10];
    do
    {
        struct Node * tt;
        tt=(struct Node * )malloc(sizeof(struct Node));
        printf("请输入学生的学号:");
        gets(tt->Stu.No);
        printf("请输入学生的姓名:");
        gets(tt->Stu.Name);
        printf("请输入学生的年龄:");
        scanf("%d",__________________);
        tt->Next=______________________;
        Head->Next=tt;
        printf("是否继续添加结点?(Y/N)");
        gets(YN);
    } while(YN[0]=='Y'||YN[0]=='y');
}
```

```
void Output(struct Node * Head)
{
    struct Node * p;
    p=____________________;
    printf("全部学生信息如下:\n");
    while(p)
    {
        printf("%10s%10s%10d\n",p->Stu.No,p->Stu.Name,p->Stu.Age);
        ____________________________;
    }
}
```

(2) 程序的功能是：从键盘读入学生信息创建链表，然后遍历输出链表内容。

```
#include <stdlib.h>
#include <stdio.h>

#define LEN sizeof(struct student)

struct student
{
    int num;
    char name[20];
    struct student * next;
};

struct student * creat(void);
void display(struct student * head);

int main(void)
{
    struct student * head;

    head=creat();
    display(head);

    return 0;
}

struct student * creat(void)
{
```

```
    struct student * p1, * p2, * head=NULL;
    int num;

    printf("请输入学号及姓名(学号输入为0时表示停止):\n");
    while(1)
    {
        scanf("%d", &num);
        if(0==num)
        {
            ________________;
        }
        p1=(struct student * )malloc(LEN);
        p1->num=num;
        scanf("%s", p1->name);
        if(NULL==head)
        {
            head=p1;
        }
        else
        {
            p2->next=p1;
        }
        ____________________;
    }

    if(head!=NULL)
    {
        p2->next=NULL;
    }
        ____________________;
}

void display(struct student * head)
{
    struct student * p1;

    p1=head;
    while(________________)
    {
```

```
        printf("%d,%s",p1->num,p1->name);
        p1=p1->next;
    }
}
```

2. 程序设计题

程序的功能是：创建一个链表，共有 N（N 由 #define 定义）个结点，第 1 个结点的数据域赋值为 0，第 2 个结点的数据域赋值为 1，以此类推，第 20 个结点的数据域赋值为 19；输出该链表结点的数据。程序已编写部分代码，根据功能要求编写程序指定部分。

```
#include<stdio.h>
#include<stdlib.h>

#define N 20

/* User Code Begin:此后完成自定义函数的声明 */

void dispLink(struct Link * Head);

int main(void)
{
    struct Link * Head;
    Head=creatLink();  /* 创建新链表 */
    printf("\nbefore:");
    dispLink(Head);
    return 0;
}

void dispLink(struct Link * Head)
{
    static struct Link * oLink[2][N];
    static int callNumber=-1;
    int i=0;
    callNumber++;
    if(callNumber>1)
    {
        printf("Error,call invalid!\n");
        return;
    }

    while(Head!=NULL)
```

```
        {
            oLink[callNumber][i]=Head;
            i++;
            printf("%d",Head->data);
            Head=Head->next;
        }
        printf("\n");

        if(1==callNumber)
        {
            for(i=0;i<N;i++)
            {
                if(oLink[0][i]!=oLink[1][N-1-i])
                {
                    printf("Error,Link not reverse!\n");
                    return;
                }
            }
        }
    }
```

实验十五　链表复杂操作

15.1　实验目的

（1）掌握链表的插入、删除等操作。
（2）熟悉链表的其他复杂操作。

15.2　实验内容

15.2.1　基础

完善程序，实现以下功能：

调用自定义函数 creat 读入第一部分学生信息建立链表 A，调用自定义函数 creat 读入第二部分学生信息建立链表 B，每个链表中的结点包括学号、成绩；然后调用自定义函数 merge 将两个链表以结点的学号升序合并为链表 C。三个链表的内容均调用自定义函数 print 输出在屏幕上。

已给出部分代码：

```
#include<stdio.h>
#include<malloc.h>

#define LEN sizeof(struct student)

int sum=0;

______________________//待补充,定义结构体类型、声明自定义函数的原型

/* print 以规定的格式完成遍历显示指定的链表 */
void print(struct student *Head);
```

```
int main(void)
{
    struct student  * ah, * bh, * ac;

    printf("创建链表 A,请输入学号及成绩(均输入为 0 时表示停止):\n");
    ah=creat();
    printf("\n 创建链表 B,请输入学号及成绩(均输入为 0 时表示停止):\n");
    bh=creat();

    printf("\n 链表 A:");
    print(ah);
    printf("\n 链表 B:");
    print(bh);

    ac=merge(ah, bh);
    printf("\n 两个链表共有%d 个人\n 链表 C:", sum);
    print(ac);

    return 0;
}

void print(struct student  * Head)
{
    while(Head! =NULL)
    {
        printf("%d,%d   ", Head->num, Head->score);
        Head=Head->next;
    }
}
```

______________________//待补充，自定义函数的设计

程序运行效果示例 1：15　76　10　89　0　0 和 11　55　18　69　12　81　17　62　0　0 是从键盘输入的内容。

创建链表 A，请输入学号及成绩（均输入为 0 时表示停止）：
学生 1：15　76
学生 2：10　89
学生 3：0　0
创建链表 B，请输入学号及成绩（均输入为 0 时表示停止）：

学生 3：11　55
学生 4：18　69
学生 5：12　81
学生 6：17　62
学生 7：0　0

链表 A：15，76　10，89
链表 B：11，55　18，69　12，81　17，62
两个链表共有 6 个人
链表 C：10，89　11，55　12，81　15，76　17，62　18，69

15.2.2　提高

（1）给定两个链表 a 与 b，每个链表中的结点包括学号、成绩。要求从 a 链表中删除与 b 链表有相同学号的结点。

（2）给定两个链表，每个链表中的结点包括学号、成绩，并均按学号升序排列。要求求两个链表的并集，并集的结果仍按学号升序排列。

15.2.3　挑战

（1）20 人围成一圈，并从 1 到 20 依次分配编号。从编号为 1 的人开始依次报数 1，2，3，4，5，报 5 的人退出，余下的人继续从 1 开始依次报数，到 5 退圈。当最后一人留在圈时求其原来的编号。

（2）一个链表无序，现将该链表中大于某个数的结点全部摘下形成新的链表，形成的新链表有序（要求在形成过程中排序）。

15.3　习题

1. 填空题

13 人围成一圈，并从 1 到 13 依次分配编号。从编号为 1 的人开始依次报数 1，2，3，报 3 的人退出，余下的人继续从 1 开始依次报数，到 3 退圈。当最后一人留在圈时求其原来的编号。

```
#include<stdio.h>
#include<malloc.h>

#define N 13
#define LEN sizeof(struct person)
```

```
int main(void)
{
    int i,count;
    struct person
    {
        int number;
        ____________________;
    } *head, *p1, *p2;

    head=p2=NULL;
    for(i=1;i<=N;i++)
    {
        p1=(struct person *)malloc(LEN);
        p1->number=i;
        if(NULL==head)
        {
            ____________________;
        }
        else
        {
            p2->next=p1;
        }
        p2=p1;
    }
    p2->next=head;

    printf("the sequence out of the circle is:\n");
    for(count=1;count<N;count++)
    {
        i=1;
        while(i !=3)
        {
            p1=head;

            ____________________;
            i++;
        }
        p2=head;
        printf("%3d",p2->number);
```

```
        p1->next=head=p2->next;

        ____________________;
    }
    printf("\nThe betrayer of them is:%3d\n",head->number);
    return 0;
}
```

2. 分析下面程序的运行结果

```
#include<stdio.h>
#include<malloc.h>

#define LEN sizeof(struct student)

int sum=0;
struct student
{
    int num;
    int score;
    struct student *next;
};

struct student *creat();
struct student *merge(struct student *A,struct student *B);
void print(struct student *Head);

int main(void)
{
    struct student *ah, *bh, *ac;

    printf("创建链表 A,请输入学号及成绩(均输入为 0 时表示停止):\n");
    ah=creat();
    printf("\n创建链表 B,请输入学号及成绩(均输入为 0 时表示停止):\n");
    bh=creat();

    printf("\n链表 A:");
    print(ah);
    printf("\n链表 B:");
    print(bh);
```

```
    ac=merge(ah,bh);
    printf("\n两个链表共有%d个人\n链表C:",sum);
    print(ac);
    return 0;
}

void print(struct student *Head)
{
    while(Head!=NULL)
    {
        printf("%d,%d  ",Head->num,Head->score);
        Head=Head->next;
    }
}

struct student *creat()
{
    struct student *Head=NULL, *p1=NULL, *p2;
    int stu_num;
    int stu_score;

    sum=sum+1;
    printf("学生%d:",sum);
    scanf("%d%d",&stu_num,&stu_score);
    if(stu_num==0&&stu_score==0)
    {
        sum=sum-1;
        return Head;
    }
    else
    {
        p1=(struct student *)malloc(LEN);
        p1->num=stu_num;
        p1->score=stu_score;
        p1->next=NULL;
        sum=sum+1;
        Head=p1;
    }
    p2=p1;
```

```
    while(1)
    {
        printf("学生%d:",sum);
        scanf("%d%d",&stu_num,&stu_score);
        if(stu_num==0&&stu_score==0)
        {
            sum=sum-1;
            break;
        }
        else
        {
            p1=(struct student *)malloc(LEN);
            p1->num=stu_num;
            p1->score=stu_score;
            p1->next=NULL;
            p2->next=p1;
            sum=sum+1;
        }
        p2=p1;
    }
    return Head;
}

struct student *merge(struct student *ha,struct student *hb)
{
    struct student *hc, *p1, *p2, *p;
    p=ha;
    if(p!=NULL)
    {
        while(p->next!=NULL)
        {
            p=p->next;
        }
    }
    if(p!=NULL)
    {
        hc=ha;
        p->next=hb;
    }
```

```
else
    hc=hb;
p1=hc;
if(p1!=NULL)
{
    p=p1->next;
    p1->next=NULL;
}
printf("\n hc...");
print(hc);
printf("\n p...");
print(p);
printf("\n p1...");
print(p1);
while(p!=NULL)
{
    p1=p2=hc;

    while(p1!=NULL&&p->num>p1->num)
    {
        p2=p1;
        p1=p1->next;
    }
    if(p1==NULL)
    {
        p2->next=p;
        p1=p;
        p=p->next;
        p1->next=NULL;

    }
    else if(p->num<p1->num)
    {
        if(hc==p1)
        {
            hc=p;
            p=p->next;
            hc->next=p1;
        }
```

```
            else
            {
                p2->next=p;
                p2=p;
                p=p->next;
                p2->next=p1;
            }
        }
        printf("\n hc...");
        print(hc);
        printf("\n p...");
        print(p);
        printf("\n p1...");
        print(p1);
        printf("\n p2...");
        print(p2);
    }
    return hc;
}
```

3. 程序设计题

程序的功能是：先从键盘上读入结点数 n，再调用自定义函数 creatlink 从键盘读入每个结点的数据，建立链表，接着调用自定义函数 printlink 输出链表内容，然后调用自定义函数 delodd 实现删除所有的值为奇数的结点，最后调用自定义函数 printlink 输出链表中余下的结点。已编写程序部分代码，根据要求编写程序的指定部分。

```
#include<stdio.h>
#include<malloc.h>

/* User Code Begin:此后完成自定义函数的声明 */

/* print 以规定的格式完成遍历显示指定的链表 */
void printlink(struct link *Head);

int main(void)
{
    struct link *Head;
    int n;

    printf("input the number:");
    scanf("%d",&n);
```

```
    Head=creatlink(n);
    printf("\nold list:");
    printlink(Head);

    Head=delodd(Head);
    printf("\nnew list:");
    printlink(Head);

    return 0;
}

void printlink(struct link * Head)
{
    while(Head!=NULL)
    {
        printf("%d->",Head->data);
        Head=Head->next;
    }
    puts("NULL");
}

/* User Code Begin:此后完成自定义函数的设计,行数不限 */
```

实验十六　文件基本操作

16.1　实验目的

（1）掌握文件的基本操作。

（2）掌握文本文件的读写使用方法。

（3）掌握二进制文件的读写使用方法。

16.2　实验内容

16.2.1　基础

（1）编写一个程序，实现以下功能：

在文本文件 Comp. txt 里有需要计算结果的整数算式，每个算式占一行且文件中有多个（数量不确定）算式，运算类型只有“加法（+）”或者“减法（−）”且运算符前后至少有一个空格。计算这些算式的结果并在屏幕上显示。

程序运行时测试用的算式文件 Comp. txt 内容如下：

123+556

300−215

1001−18976

9123+5156

程序运行效果示例：

Line 001：　123+556=679

Line 002：　300−215=85

Line 003：　1001−18976=−17975

Line 004：　9123+5156=14279

（2）编写一个程序，实现以下功能：

程序运行时，先从键盘输入一个文本文件的文件名（约定：字符数小于等于 127 字节，可含路径），然后在屏幕上显示该文件的内容。

程序运行时测试用的文件 Test. txt 内容如下：

Hello world!

Today is Monday.

程序运行效果示例：从键盘输入内容为 Test. txt

input the file's name: Test. txt

———————————————————File Begin: ———————————————————

Hello world!

Today is Monday.

———————————————————File End. ———————————————————

16.2.2 提高

从键盘依次输入 n（$n\leqslant 40$）个学生的信息到结构体变量中，同时把结构体变量中的信息写到以“StInf. txt”命名的文本文件中，最后从文件中读取所有学生的信息并按成绩从高到低的顺序进行显示。结构体的定义如下：

```
struct student
{
    char name[9];
    int age;
    float score;
};
```

16.2.3 挑战

从键盘读入字符串，一行对应一个字符串，每行字符串可以由多个英文单词组成，每行的长度不超过 127 个字符，若输入空串，则结束输入；每读完一行，就将这一行存入文本文件“mydata. txt”。再从文件中读出这些字符串，找出其中包含有指定英文单词（键盘输入，长度不超过 8）的字符串，并将这些字符串写入以该英文单词作为文件名的文本文件中（文件后缀名为. txt）。程序中不得使用 string. h 中定义的 strlen，strcmp，strcpy，strncpy，strcat，strlwr，strupr 等函数。

16.3 习题

1. 选择题

(1) 按照文件的存储方式，文件可以分为（　　）。

(A) 数据文件与程序文件　　　　(B) 文本文件与字符文件

(C) 二进制文件与文本文件　　　(D) 格式文件与流式文件

(2) 下列关于记录文件的说法错误的是（　　）。

(A) 记录文件可以进行顺序读写
(B) 记录文件一般通过结构体变量进行读写
(C) 记录文件不能按字节方式进行读写
(D) 记录文件可以是文本文件
(3) 下列关于文件指针的描述不正确的是（　　）。
(A) 文件指针指向打开文件对应的文件信息区
(B) 由 fopen()函数对文件指针进行赋值
(C) 关闭文件的操作不需要文件指针
(D) 文件指针的类型是 FILE *
(4) 调用 fopen()函数，如果打开文件不成功，则函数的返回值是（　　）。
(A) FALSE　　(B) TRUE　　(C) NULL　　(D) EOF
(5) 下列关于 fopen()函数的描述错误的是（　　）。
(A) 文件打开方式采用“r”，打开的文件只能进行读操作
(B) 文件打开方式采用“w”，打开的文件只能进行写操作
(C) 文件打开方式采用“a”，打开的文件可以进行读写操作
(D) 文本文件可以用“rb”方式打开，进行读操作
(6) 在 fopen()函数中，如果打开方式采用“wb+”，下列描述不正确的是（　　）。
(A) 打开的文件可以进行读写操作
(B) 打开的文件原有数据被删除
(C) 打开的文件只能操作非流式文件
(D) 打开的文件之前可以不存在
(7) 下列关于 fclose()函数的描述不正确的是（　　）。
(A) 使用 fclose()后操作系统将打开时提供给文件的系统资源进行回收
(B) 使用 fclose()后关闭文件操作会把写缓冲区中还未写往文件的数据写往文件
(C) 使用 fclose()需要使用文件指针作为实参
(D) 如果 fclose()关闭文件不成功，返回值为 NULL
(8) 下列描述不正确的是（　　）。
(A) fgetc()的功能是从指定的文件读取一个字符，赋给指定的变量
(B) fputc()的功能是把指定的字符写到指定的文件中
(C) fgetc()读取不成功，返回 EOF
(D) fputc()未能成功写入文件，返回 EOF
(9) 下列描述不正确的是（　　）。
(A) fgets()的功能是从文件指针所指向的文件里读取一个字符串到字符数组中
(B) fputs()把给定地址指向的字符串写到文件指针所指向的文件中
(C) fgets()读成功返回 0，不成功返回非 0 值
(D) fputs()写成功返回 0，未能写到文件返回非 0 值
(10) 下列 fscanf()调用正确的是（　　）。
(A) fscanf(文件指针,格式控制字符串,输入项的地址列表);
(B) fscanf(格式控制字符串,输入项的地址列表,文件指针);

(C) fscanf(文件指针,输入项的地址列表,格式控制字符串);

(D) fscanf(输入项的地址列表,格式控制字符串,文件指针);

(11) 下列 fread()调用正确的是（　　）。

(A) fread(buffer, size, count, fp);

(B) fread(size, count, buffer, fp);

(C) fread(fp, buffer, size, count);

(D) fread(fp, size, count, buffer);

(12) fseek(fp, 100L, 1)的执行结果是（　　）。

(A) 将文件位置指针从文件开始位置向后移动 100 字节

(B) 将文件位置指针从文件当前位置向后移动 100 字节

(C) 将文件位置指针从文件当前位置向前移动 100 字节

(D) 将文件位置指针从文件末尾位置向前移动 100 字节

2. 填空题

把键盘输入内容写到当前目录下的文本文件 data.txt 中（要求新添加的数据放在原文件的尾部），若在输入过程中遇到 *，则停止输入，并结束程序。

```
#include<stdio.h>
#include<stdlib.h>
int main(void)
{
    char cone;
    FILE *fp;
    fp=fopen(________________________);

    ______________________;
    while(cone!=______)
    {
        fputc(__________________);
        ________________
    }
    fclose(fp);  //关闭文件
    return 0;
}
```

3. 程序改错题

从文本文件“data.txt”中读出数据，在屏幕上输出，要求输出的内容与用记事本软件打开文件看见的内容一样。

```
#include<stdio.h>
int main()
{
    char c;
```

```
    FILE *fp;
********found*********
    fp=fopen("data.txt","rb");
********found*********
    c=getc(fp);
    while(c!=0)
    {
    ********found*********
        puts(c);
    ********found*********
        c=getc(fp);
    }
    ********found*********
    putchar("10");
    fclose(fp);
    return 0;
}
```

4. 分析下面程序的功能

(1)

```
#include <stdio.h>
#include <stdlib.h>
#include <string.h>

#define SIZEST sizeof(struct Student)

struct Student
{char name[20];
    int num;
    int age;
    char addr[20];
}stud;

int main()
{
    FILE *fp1;
    char oldAddr[20],newAddr[20];
    if((fp1=fopen("stu.dat","rb+"))==NULL)
    {printf("cannot open file\n");
        exit(0);
```

```
    }
    rewind(fp1);
    printf("输入欲改变的旧地址:");
    gets(oldAddr);
    printf("输入改变后的新地址:");
    gets(newAddr);
    while(fread(&stud,SIZEST,1,fp1)==1)
    {
        if(strcmp(stud.addr,oldAddr)==0)
        {
            strcpy(stud.addr,newAddr);
            fseek(fp1,-SIZEST,1);
            fwrite(&stud,SIZEST,1,fp1);
            fflush(fp1);
        }
    }
    fclose(fp1);
    return 0;
}
```

以上程序的功能是____。

(2)

```
#include <stdio.h>
#include <stdlib.h>

int main(void)
{
    FILE *fp;
    char yf;
    int i1,i2,i3;
    char *pS="Comp.txt";

    fp=fopen(pS,"r");
    if(fp==NULL)
    {
        printf("无法打开此文件\n");
        exit(0);
    }

    fscanf(fp,"%d %s %d",&i1,&yf,&i2);
```

```
    fclose(fp);

    switch(yf)
    {
        case '+':
            i3=i1+i2;
            break;
        case '-':
            i3=i1-i2;
            break;
        default:
            ;
    }

    printf("%d %c %d=%d",i1,yf,i2,i3);
    fp=fopen(pS,"w");
    if(fp==NULL)
    {
        printf("无法打开此文件\n");
        exit(0);
    }
    fprintf(fp,"%d %c %d=%d",i1,yf,i2,i3);
    fclose(fp);
    return 0;
}
```

以上程序的功能是______________________________。

(3)

```
#include <stdio.h>

int main(void)
{
    char name[128];
    FILE *fp;
    int ch;
    printf("input the file's name:");
    gets(name);
    fp=fopen(name,"r");
    if(NULL==fp)
    {
```

```
        printf("\nfile open error!");
        return 0;
    }
    ch=fgetc(fp);
    while(ch!=EOF)
    {
        printf("%c",(char)ch);
        ch=fgetc(fp);
    }
    fclose(fp);
    return 0;
}
```

以上程序的功能是＿＿＿＿＿＿＿＿＿＿＿＿＿＿。

(4)

```
#include <stdio.h>
int main(void)
{
    FILE *fp1, *fp2;
    char yname[100],mbname[100];
    char ch;
    printf("Please input Filename:");
    gets(yname);
    printf("Please input Filename:");
    gets(mbname);
    fp1=fopen(yname,"rb");
    if(fp1==NULL)
    {
        printf("\n File(%s) Open Error!\n",yname);
        return 2;
    }
    fp2=fopen(mbname,"wb");
    if(fp2==NULL)
    {
        printf("\n File(%s) Create Error!\n",mbname);
        fclose(fp1);
        return 3;
    }

    while(fread(&ch,1,1,fp1)!=0)
```

```
        {
            if(fwrite(&ch,1,1,fp2)==0)
            {
                fclose(fp1);
                fclose(fp2);
                return 4;
            }
        }

        fclose(fp1);
        fclose(fp2);
        return 0;
    }
```

以上程序的功能是______________________________。

5. 程序设计题

(1) 输入 n ($n<30$) 个学生的姓名、年龄、入学成绩，并将数据存入名为“student. txt”的文本文件中。

(2) 将第 (1) 题文件中的数据读出，在屏幕上显示。

(3) 编写程序，将题 (1) 中的文件复制到指定文件名的文件中。

(4) student 结构体定义如下：

```
struct student
{
    char name[9];
    int age;
    float score;
};
```

输入 n ($n<30$) 个学生的信息，然后采用 fprint()函数，把数据写到文本文件“ST. txt”中。文件中每个学生的数据占一行，采用空格分割数据，score 保留小数点后 2 位。

(5) 采用 fscanf()读取题 (4) 得到文件“ST. txt”的数据到 student 类型的变量中，然后按成绩从高到低对学生记录进行排序，并将排序后的数据写到文本文件“ST-sort. txt”中。

(6) 采用题 (4) 中的 student 结构体定义，输入 n ($n<30$) 个学生的数据，采用 fwrite()函数把学生数据写到二进制文件“student. dat”中。

(7) 采用 fread()函数读取题 (6) 产生的文件“student. dat”，在屏幕上显示相关学生记录，一个学生一行。

(8) 在当前目录下建立一个新的文本文件“data. txt”用于写，然后把键盘输入的字符写到该文件中，遇到“*”则结束输入，然后关闭该文件；再以读的方式打开文件，把刚才写到文件里的字符一个一个读出，并显示在屏幕上。

实验十七　文件综合操作

17.1　实验目的

（1）掌握二进制文件的读写操作。

（2）掌握链表数据到文件的操作。

（3）掌握利用二进制文件生成链表的方法。

17.2　实验内容

17.2.1　基础

（1）编写一个程序，实现以下功能：

有商品数据：

xuebi da 6.00 345

nongfuSQxianchengduo zhongxingA 4.392 57398

xuebi xiao 2.004 4567

xuebi da 6.003 456

将这些商品数据（每件商品的属性包括品名、规格、数量、单价，编程时相应的数据类型分别定义为字符串 char(20)、字符串 char(12)、long、float）以二进制文件方式写入文件。

（2）编写一个程序，实现以下功能：

利用上述题目创建的二进制文件 sp.dat，从键盘输入某种商品的品名，要求在文件中查找有无相应品名的商品（可能有多条记录或没有）。若有，则在屏幕上显示出相应商品的品名、规格、数量、单价（显示时，品名、规格、数量、单价之间使用逗号作分隔）；若无，则显示没有相应品名的商品。

程序运行效果示例 1：xuebi 是从键盘输入的内容。

Please input shang pin pin ming:xuebi

cha zhao qing kuang:
xuebi, da, 345, 6.00
xuebi, xiao, 4567, 2.00
xuebi, da, 456, 6.00
程序运行效果示例 2：kele 是从键盘输入的内容。
Please input shang pin pin ming: kele

cha zhao qing kuang:
mei you shang pin: kele

17.2.2　提高

从键盘依次输入 n（$n \leqslant 40$）个学生的信息，生成动态链表，然后对链表的结点按成绩高低进行排序并在屏幕上显示，最后把结点中结构体的信息写入指定的文件中（文件的后缀名为. dat）。以读的方式打开刚才的文件，读出其中的数据形成链表并在屏幕上显示（程序中不得使用结构体数组）。

结构体的定义如下：

```
struct student
{
    char name[9];
    int age;
    float score;
};
```

17.2.3　挑战

结构体的定义如下：

```
struct Student
{
    char name[20];  // 姓名
    int number;     // 学号
    float Math;     //数学成绩
    float Eng;      //英语成绩
    float total;    //总成绩=数学成绩+英语成绩
};
```

编程实现以下功能：

（1）先输入若干个学生的数据到一个链表中（学生姓名为：＊End＊时结束输入），然后把链表的数据按结点顺序依次写入二进制文件“student. dat”中。

（2）编写一个程序读取步骤（1）得到的文件（student. dat），并利用其中的数据形成链表，然后将链表中的数据按总成绩进行降序排列（总成绩相同，再按数学成绩从高到低排序）。

17.3 习题

1. 程序改错题

(1)

```
#include<stdio.h>
#include<stdlib.h>

int main()
{
    FILE *fp1, *fp2;
    char data;
**********found************
    fp1=fopen("d:\file1.txt","r");
**********found************
    fp2=fopen("d:\file2.txt","w");
    if(fp1==NULL||fp2==NULL)
    {
        printf("File can not be opened\n");
        exit(0);
    }
    **********found************
    fread(fp1,data,sizeof(char),1);
    while(!feof(fp1))
    {
**********found************
        fwrite(fp2,data,sizeof(char),1);
**********found************
        fread(fp2,data,sizeof(char),1);
    }
    fclose(fp1);
    fclose(fp2);
    return 0;
}
```

(2) 程序的功能是打开文件 d:\te.c 用于读并判断打开是否成功。

```
#include<stdio.h>
```

```
int main(void)
{
    FILE *fp;
    /*********Found************/
    char fileName[]="d:\\te.c";
    /*********Found************/
    fp=fopen(fileName,"r");

    /*********Found************/
    if(fp==NULL)
    {
        puts("File Open Error!");
        return 1;
    }
    putchar(fgetc(fp));
    fclose(fp);
    return 0;
}
```

（3）程序的功能是将从键盘上读入的五个整数以二进制方式写入名为“d:\bi.dat”的新文件中，然后再从该文件中读出这五个整数，并显示在屏幕上。

```
#include<stdio.h>
#include<stdlib.h>

int main(void)
{
    FILE *fp;
    int i,j;

    /*********Found************/
    if((fp=fopen("d:\\bi.dat","wb+"))==NULL)
    {
        exit(1);
    }

    printf("input 5 numbers:");
    for(i=0;i<5;i++)
    {
        scanf("%d",&j);
        /*********Found************/
```

```
        fwrite(&j, sizeof(int), 1, fp);
    }

    rewind(fp);
    for(i=0;i<5;i++)
    {
        j=getw(fp);
        printf("%d\t",j);
    }
    fclose(fp);

    return 0;
}
```

2. 分析下面程序的功能

```
#include <stdio.h>
int main(void)
{
    FILE *fp;
    int ch;
    fp=fopen("Test.txt","w");
    if(fp==NULL)
    {
        printf("\nCreate file error!\n");
        return 1;
    }
    printf("Input chars:");
    ch=getchar();
    while(ch!='!')
    {
        if(ch>='a'&&ch<='z')
        {
            ch=ch-32;
        }
        if(fputc(ch,fp)==EOF)
        {
            printf("\nWriting file error!\n");
            fclose(fp);
            return 2;
        }
```

```
        ch=getchar();
    }
    fclose(fp);
    return 0;
}
```

上面程序的功能是：________________________。

(2)

```
#include <stdio.h>
int main(void)
{
    FILE *fp1, *fp2, *fp3;
    int x1, x2, line=0;
    char op;
    fp1=fopen("Comp.txt","r");
    fp2=fopen("CompA.txt","r");
    fp3=fopen("CompB.txt","r");
    while((fscanf(fp1,"%d\n",&x1)==1)&&(fscanf(fp2,"%c\n",&op)==1)
&&(fscanf(fp3,"%d\n",&x2)==1))
    {
        line++;
        if(op=='+')
        {
            printf("Line %03d:   %5d %c %-5d=%-6d\n",line,x1,op,x2,x1+x2);
        }
        else
        {
            printf("Line %03d:   %5d %c %-5d=%-6d\n",line,x1,op,x2,x1-x2);
        }
    }

    fclose(fp1);
    fclose(fp2);
    fclose(fp3);
    return 0;
}
```

上面程序的功能是：________________________。

(3)

```
#include <stdio.h>
int main(void)
```

```
{
    char name[128];
    FILE *fp;
    int ch;
    printf("input the file's name:");
    gets(name);

    fp=fopen(name,"r");
    if(NULL==fp)
    {
        printf("\nfile open error!");
        return 0;
    }
    printf("---------------File Begin:---------------\n");
    ch=fgetc(fp);
    while(ch!=EOF)
    {
        printf("%c",(char)ch);
        ch=fgetc(fp);
    }
    printf("\n---------------File End.---------------\n");
    fclose(fp);
    return 0;
}
```

上面程序的功能是：________________________________。

(4)

```
#include <stdio.h>
#include <string.h>
#include <stdlib.h>

int main(void)
{
    FILE *fp1;
    int sl,flag=0;
    float dj;
    char pm[21],gg[11],spm[21];

    fp1=fopen("sp.txt","r");
    if(fp1==NULL)
```

```
    {
        printf("Can not open the file!");
        exit(0);
    }
    printf("Please input shang pin pin ming:");
    gets(spm);
    printf("\ncha zhao qing kuang:\n");

    while(fscanf(fp1,"%s %s %f %d",pm,gg,&dj,&sl)==4)
    {
        if(strcmp(pm,spm)==0)
        {
            flag=1;
            printf("%s,%s,%d,%.2f\n",pm,gg,sl,dj);
        }
    }
    if(flag==0)
    {
        printf("mei you shang pin:%s",spm);
    }
    fclose(fp1);
    return 0;
}
```

上面程序的功能是：______________________________。

3. 程序设计题

结构体如下：

```
struct Student
{
    char name[20];   // 姓名
    float Math;      //数学成绩
    float Eng;       //英语成绩
    float total;     //总成绩=数学成绩+英语成绩
};

struct stIndex
{
    int number;      //存放学生的学号
    int position;    //存放某学生数据在ST.dat文件中的位置
};
```

编程实现以下功能：

（1）输入若干个学生的数据，分别将学生的数据写入文件“ST. dat”和“ST. idx”中，其中 ST. dat 存放学生的信息，ST. idx 存放每个学生的学号及该学生数据在 ST. dat 文件中的位置。

（2）编写程序，功能是输入一个学生的学号，然后从 ST. idx 文件中查找是否存在该学生的学号。如果有，则利用 ST. idx 中存储的学生数据的位置信息，从 ST. dat 中读取该学生的相关数据并显示；如果无，则显示“该学生不存在”。

（3）编程实现将 ST. dat 文件进行复制，以指定文件名进行输出（文件后缀名不变）。

附录1 C语言程序的上机步骤

按照C语言语法规则而编写的C程序称为源程序。源程序由字母、数字及其他符号等构成，在计算机内部用相应的ASCII码表示，并保存在扩展名为“.C”的文件中。源程序是无法直接被计算机运行的，因为计算机的CPU只能执行二进制的机器指令。这就需要把ASCII码的源程序先翻译成机器指令，然后计算机的CPU才能运行翻译好的程序。源程序翻译过程由两个步骤实现：编译与连接。首先对源程序进行编译处理，即把每一条语句用若干条机器指令来实现，以生成由机器指令组成的目标程序。但目标程序还不能马上交给计算机直接运行，因为在源程序中，输入、输出以及常用函数运算并不是用户自己编写的，而是直接调用系统函数库中的库函数。因此，必须把“库函数”的处理过程连接到经编译生成的目标程序中，生成可执行程序，并经机器指令的地址重定位，便可由计算机运行，最终得到结果。

C语言程序的调试、运行步骤如图1所示。

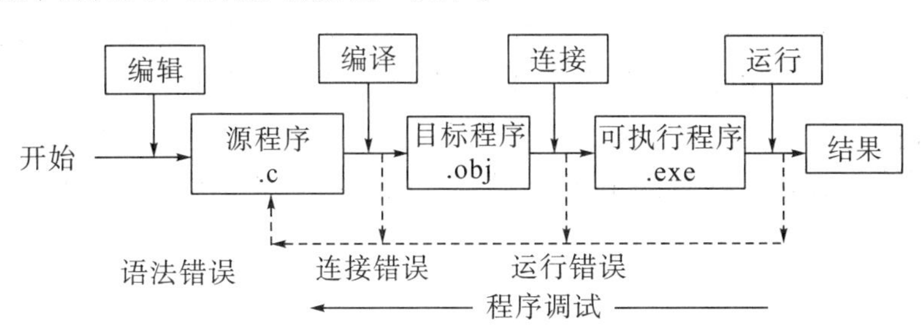

图1 C语言程序的调试、运行步骤

图1中，虚线表示当某一步骤出现错误时的修改路线。运行时，无论是出现编译错误、连接错误，还是运行结果不对（源程序中有语法错误或逻辑错误），都需要修改源程序，并对它重新编译、连接和运行，直至将程序调试正确为止。除了较简单的情况，一般的程序很难一次就做到完全正确。在上机过程中，根据出错现象找出错误并改正称为程序调试。我们要在学习程序设计过程中逐步培养调试程序的能力，它不可能靠几句话讲清楚，要靠自己在上机时不断摸索总结，可以说是一种经验积累。

程序中的错误大致可分为以下三类：

（1）程序编译时检查出来的语法错误。

（2）连接时出现的错误。

（3）程序执行过程中的错误。

编译错误通常是编程者违反了C语言的语法规则，如保留字输入错误、大括号不匹配、语句少分号等。连接错误一般由未定义或未指明要连接的函数，或者函数调用不匹配等因素引起，对系统函数的调用必须要通过“include”说明。

对于编译连接错误，C语言系统会提供出错信息，包括出错位置（行号）、出错提示信息。编程者可以根据这些信息，找出相应错误所在。有时系统提示的一大串错误信息并不表示真的有这么多错误，往往是因为前面的一两个错误带来的。因此，当用户纠正了几个错误后，不妨再编译连接一次，然后根据最新的出错信息继续纠正。

有些程序通过了编译连接，并能够在计算机上运行，但得到的结果不正确，这类在程序执行过程中的错误往往最难改正。错误的原因一部分是程序书写错误带来的，例如应该使用变量x的地方写成了变量y，虽然没有语法错误，但意思完全错了；另一部分可能是程序的算法不正确，解题思路不对。还有一些程序有时计算结果正确，有时不正确，这往往是编程时对各种情况考虑不周所致。解决运行错误的首要步骤就是错误定位，即找到出错的位置，才能予以纠正。通常我们先设法确定错误的大致位置，然后通过C语言提供的调试工具找出真正的错误。

为了确定错误的大致位置，可以先把程序分成几大块，并在每一块的结束位置手工计算一个或几个阶段性结果，然后用调试方式运行程序，到每一块结束时，检查程序运行的实际结果与手工计算是否一致，通过这些阶段性结果来确定各块是否正确。对于出错的程序块，可逐条仔细检查各语句，找出错误所在。如果出错的程序块较长，难以一下子找出错误，可以进一步把该块细分成更小的块，按照上述步骤进一步检查。在确定了大致出错位置后，如果无法直接看出错误，可以通过单步运行相关位置的几条语句，逐条检查，一定能找出错误的语句。

当程序出现计算结果有时正确、有时不正确的情况时，其原因一般是算法对各种数据处理情况考虑不全面。解决办法是最好多选几组典型的输入数据进行测试，除了普通的数据外，还应包含一些边界数据和不正确的数据。比如确定正常的输入数据范围后，分别以最小值、最大值、比最小值小的值和比最大值大的值，多方面运行检查自己的程序。

附录 2　程序调试的方法

对程序设计者来说，不仅要会编写程序，还要上机调试通过。初学者的程序往往不是一次就能顺利通过的，即使一个有经验的程序员也常会出现某些疏忽导致调试不通过。上机的目的不仅是验证程序的正确性，还要掌握程序调试的技术，提高动手能力。程序的调试具有很强的技术性和经验性，其效率高低在很大程度上依赖于程序设计者的经验。有经验的人很快就能发现错误，而有的人在计算机显示出错误信息并告诉他哪一行有错之后还是找不出错误所在。因此，初学者调通一个程序往往比编写程序花的时间还多。调试程序的经验固然可以借鉴他人的，但更重要的是靠实践来积累。调试程序是程序设计课程的一个重要环节，上机之前要做好程序调试的准备工作。程序调试的准备工作包括熟悉程序的运行环境和各个程序设计阶段为程序调试所做的准备。

一、上机前要先熟悉程序的运行环境

一个 C 语言源程序总是在一定的硬件和软件环境支持下进行编辑、编译、连接和运行的，而这其中的每一步都直接影响程序调试的效率。因此，初学者必须了解所使用的计算机系统的基本操作方法，学会使用该系统，了解在该系统上如何编辑、编译、连接和运行一个 C 语言程序。上机时需要输入和修改程序，不同的操作系统提供的编辑程序是不同的。如果对编辑程序的基本功能和操作不熟悉，就很难使用好这个工具，那么在输入和修改程序中就会遇到很多困难，往往越改越乱，甚至因为不存盘的误操作而使修改、调试的工作前功尽弃。更有甚者，由于初学者对操作系统或编辑程序的操作命令不熟悉而误删了一个正在调试或已经调试好的程序，就不得不重新输入、调试，浪费了许多时间。因此，在上机调试之前，必须认真了解程序的运行环境，了解常用的一些操作命令，这样上机调试程序时效率才能大大提高。

程序设计过程中要为程序调试做好准备，具体包括以下几个方面：

（1）采用模块化、结构化方法设计程序。所谓模块化，是指将一个大任务分解成若干个较小的部分，每一部分承担一定的功能，称为“功能模块”。各个模块可以由不同的人编写程序，分别进行编译和调试，这样可以在相对较小的范围内确定错误，较快地改正错误并对其重新编译。不要将全部语句都写在 main 函数中，而要多利用函数，用一个函数完成一个单一的功能。这样既便于阅读，也便于调试。如果用一个函数写出来，不仅增加了程序的复杂度，而且在调试时很难确定错误所在，即使找到了错误，改正起来也很麻烦，有时为改正一个错误有可能引起新的错误。

（2）编程时要为程序调试提供足够的灵活性。程序设计是针对具体问题的，但同时应充分考虑程序调试时可能出现的各种情况，在编写程序时要为调试中临时修改、选择输入数据的形式、个数和改变输出形式等情况提供尽可能多的灵活性。要做到这一点，必须使程序具有通用性。一方面，在选择和设计算法时要使其具有灵活性；另一方面，数据的输入要灵活，可以采用交互式输入数据。例如排序、求和、求积分算法的数据个数都可以通过应答程序的提问来确定，从而为程序的调试带来方便。

（3）根据程序调试的需要，可以通过设置“分段隔离”“设置断点”“跟踪打印”来调试程序。对于复杂的程序可以在适当的地方设置必要的断点，这样调试程序时能够迅速、容易地查找到问题。为了判断程序是否正常执行，观察程序执行路径和中间结果的变化情况，可以在适当的地方打印出必要的中间结果，通过这些中间结果可以观察程序的执行情况。调试结束后再将断点、打印中间结果的语句删掉。

（4）要精心地准备调试程序所用的数据。这些数据包括程序调试时要输入的具有典型性和代表性的数据及相应的预期结果。例如，选取适当的数据保证程序中每条可能的路径都至少执行一次，并使得每个判定表达式中条件的各种可能组合都至少出现一次。要选择“边界值”，即选取刚好等于、稍小于、稍大于边界值的数据。经验表明，处理边界情况时程序最容易发生错误，例如许多程序错误出现在下标、数据结构和循环等的边界附近。通过这些数据的验证，可以看到程序在各种可能条件下的运行情况，暴露程序错误的可能性更大，从而提高程序的可靠性。

二、调试程序的方法与技巧

程序调试主要有两种方法，即静态调试和动态调试。程序的静态调试就是在程序编写完以后，由人工“代替”或“模拟”计算机对程序进行仔细检查，主要检查程序中的语法规则和逻辑结构的正确性。实践表明，有很大一部分错误可以通过静态检查来发现。通过静态调试，可以大大缩短上机调试的时间，提高上机的效率。程序的动态调试就是实际上机调试，它贯穿于编译、连接和运行的整个过程中。根据程序编译、连接和运行时计算机给出的错误信息进行程序调试，这是程序调试中最常用的方法，也是最初步的动态调试。在此基础上，通过“分段隔离”“设置断点”“跟踪打印”进行程序的调试。实践表明，对于查找某些类型的错误来说，静态调试比动态调试更有效，对于其他类型的错误来说刚好相反。因此，静态调试和动态调试是互相补充、相辅相成的，缺少其中任何一种方法都会使查找错误的效率降低。

（一）静态调试

1. 对程序的语法规则进行检查

（1）语句正确性检查。保证程序中每个语句的正确性是编写程序时的基本要求。由于程序中包含大量的语句，书写过程中由于疏忽或笔误，语句写错在所难免。对程序语句的检查应注意以下几点：

- 检查每个语句的书写是否有字符遗漏，包括必要的空格符是否都有。
- 检查形体相近的字符是否书写正确，例如字母 o 和数字 0，书写时要有明显的分别。
- 检查函数调用时形参和实参的类型、个数是否相同。

（2）语法正确性检查。每种计算机语言都有自己的语法规则，书写程序时必须遵守一定的语法规则，否则编译时程序将给出错误信息。

• 语句的配对检查：许多语句都是配对出现的，不能只写半个语句。另外，语句有多重括号时，每个括号都应成对出现，不能缺左少右。

• 注意检查语句顺序：有些语句不仅句法本身要正确，而且语句在程序中的位置也必须正确。例如，变量定义要放在所有可执行语句之前。

2. 检查程序的逻辑结构

（1）检查程序中各变量的初值和初值的位置是否正确。我们经常遇到的是“累加”“累乘”，其初值和位置都非常重要。用于累加的变量应取 0 初值或给定的初值，用于累乘的变量应赋初值为 1 或给定的值。因为累加或累乘都是通过循环结构来实现的，因此这些变量赋初值语句应在循环体之外。对于多重循环结构，内循环体中的变量赋初值语句应在内循环之外，外循环体中的变量赋初值语句应在外循环之外。如果赋初值的位置放错了，那么将得不到预想的结果。

（2）检查程序中的分支结构是否正确。程序中的分支结构都是根据给定的条件来决定执行不同的路径的，因此在设置各条路径的条件时一定要谨慎，在设置“大于”“小于”这些条件时，一定要仔细考虑是否应该包括“等于”这个条件，更不能把条件写反。尤其要注意的是，实型数据在运算过程中会产生误差，如果用“等于”或“不等于”对实数的运算结果进行比较，则会因为误差而产生误判断，路径选择也就错了。因此，在遇到要判断实数 a 与 b 相等与否作为条件来选择路径时，应该把条件写成：if(fabs(a−b)<=1e−6)，而不应该写成 if(a==b)。要特别注意条件语句嵌套时，if 和 else 的配对关系。

（3）检查程序中循环结构的循环次数和循环嵌套的正确性。C 语言中可用 for 循环、while 循环、do…while 循环。在给定循环条件时，不仅要考虑循环变量的初始条件，还要考虑循环变量的变化规律、变化时间，任何一条变化都会引起循环次数的变化。

（4）检查表达式合理与否。程序中不仅要保证表达式的正确性，而且要保证表达式的合理性。尤其要注意表达式运算中的溢出问题，运算数值如果超出整数范围就不应该采用整型运算，否则必然导致运算结果错误。两个相近的数不能相减，以免产生“下溢”。更要避免在一个分式的分母运算中发生“下溢”，因为编译系统常把下溢做零处理，所以分母中出现下溢时会产生“被零除”的错误。由于表达式不合理而引起的程序运行错误往往很难查找，会增加程序调试的难度。因此，认真检查表达式的合理性，是减少程序运行错误、提高程序动态调试效率的重要方面。

程序的静态调试是程序调试中非常重要的一步。初学者应培养自己静态检查的良好习惯，在上机前认真做好程序的静态检查工作，从而节省上机时间，使有限的机时充分发挥作用。

（二）动态调试

在静态调试中可以发现和改正很多错误，但由于静态调试的特点，有一些比较隐蔽的错误还不能检查出来。只有上机进行动态调试，才能找到这些错误并改正它们。

1. 编译过程中的调试

编译过程除了将源程序翻译成目标程序外，还要对源程序进行语法检查。如果发现源程序有语法错误，系统将显示错误信息。用户可以根据这些提示信息查找出错误性质，并在程序中出错之处进行相应的修改。有时我们会发现编译时有几行的错误信息都是一样的，检查这些行本身没有发现错误，这时要仔细检查与这些行有关的名字、表达式是否有问题。例如，因为程序中数组说明语句有错，这时，那些与该数组有关的程序行都会被编译系统检查出错。这种情况下，用户只要仔细分析一下，修改了数组说明语句的错误，许多错误就会消失了。对于编译阶段的调试，要充分利用屏幕给出的错误信息，对它们进行仔细分析和判断。只要注意总结经验，使程序通过编译是不难做到的。

2. 连接过程中的调试

编译通过后要进行连接。连接的过程也有查错的功能，它将指出外部调用、函数之间的联系及存储区设置等方面的错误。如果连接时有这类错误，编译系统也会给出错误信息，用户要对这些信息仔细判断，从而找出程序中的问题并改正。连接时较常见的错误有以下三类：

（1）某个外部调用有错，通常系统明确提示了外部调用的名字，只要仔细检查各模块中与该名有关的语句，就不难发现错误。

（2）找不到某个库函数或某个库文件，这类错误是由于库函数名写错、疏忽了某个库文件的连接等。

（3）某些模块的参数超过系统的限制，如模块的大小、库文件的个数超出要求等。

引起连接错误的原因很多，而且很隐蔽，给出的错误信息也不如编译时给出的直接、具体。因此，连接时的错误要比编译错误更难查找，需要仔细分析判断，而且对系统的限制和要求要有所了解。

3. 运行过程中的调试

运行过程中的调试是动态调试的最后一个阶段。这一阶段的错误大体可分为两类：

（1）运行程序时给出出错信息。运行时出错多与数据的输入、输出格式有关，与文件的操作有关。如果给出数据格式有错，这时应对有关的输入输出数据格式进行检查，一般容易发现错误。如果程序中的输入输出函数较多，则可以在中间插入调试语句，采取分段隔离的方法，很快就可以确定错误的位置了。如果是文件操作有误，也可以针对程序中有关文件的操作采取类似的方法进行检查。

（2）运行结果不正常或不正确。

三、程序常见错误分析

下面就一些常见的编译错误进行分析，使初学者尽快掌握分析错误的方法，提高上机调试程序的能力。

（1）Undefined symbol 'xxxxxx'。

检查：

• 程序中使用的标识符是否进行了定义。C语言规定程序中所有用到的变量必须在本函数中先定义后使用（除非已定义为外部变量）。

• 程序中的标识符定义或引用处是否有拼写错误。

（2）Possible use of 'xxxxxx' before definition。

检查：

• 变量引用前是否已经赋值。

• 是否输入时忘记使用地址符。

• 在其他语言中输入时只需写出变量名即可，而 C 语言中要求指明向哪个地址标识的单元送值，因此要在输入的变量前加上符号“&”。

(3) Possible incorrect assignment。

检查：

• 是否把赋值号当等号使用了。

• 在 if、while、do…while 语句的条件表达式中，经常遇到关系运算符“等于”，应该用“==”表示，如果使用 if(a=b) …，则编译程序将（a=b）作为赋值表达式处理，即将 b 的值赋给 a，然后判断 a 的值是否为 0。如果不为 0，则作为“真”；如果为 0，则作为“假”。这时会发出警告。

(4) Statement missing;。

检查：

• 程序中的语句是否缺少“;”。

• 分号是 C 语句不可缺少的一部分，表达式语句后应有分号，如果语句后没有分号，则把下一行也作为上一行语句的一部分，就会出现语法错误。有时编译系统指出某行有错，但在该行上未发现错误，此时应该检查上一行是否漏掉分号。复合语句的最后一个语句也必须有分号。

(5) Misplaced else。

检查：

• 程序中 else 语句是否缺少与之匹配 if 的语句。

• 程序中前面 if 语句是否出现语法错误。

• 是否在不该加分号的地方加了分号。

例如：

```
if(a==b);
    printf("%d",a);
else
    printf("%d",b);
```

程序的本意为当 a==b 时输出 a，否则输出 b。但由于在 if(a==b) 后加了分号，因此 if 语句到此结束，则 else 语句找不到与之配对的 if 语句。

• 是否漏写了大括号。

例如：

```
if(a>b)
    t=a;a=b;b=t;
else
    …;
```

(6) if(while、do…while) statement missing。

检查：

• 括号不配对。

(7) Function definition out of place。

检查：

• 函数定义位置是否有错。

• 函数定义不能出现在另一函数内。

• 函数内的说明是否由类似于带有一个参数表的函数开始。例如，在函数中定义数组时误用了圆括号，就会被误认为是一个函数定义。

(8) Size of structure or array not known。

检查：

• 表达式中是否出现未定义的结构或数组。

• 定义结构或数组的语句有错。

例如，数组的定义要求用方括号，如果是二维数组或多维数组，在定义和引用时必须将每一维的数据分别用方括号括起来，即定义二维数组 a[3,5]是错误的，而应用 a[3] [5]。

(9) Lvalue required。

检查：

• 赋值号左边是否是一个地址表达式。

• 赋值号左边必须是一个地址表达式，包括数值变量、指针变量、结构引用域、间接指针和数组分量。

例如：

```
int main()
{
    char str[6];
    str="china";
    …
}
```

在编译时出错。因为 str 是数组名，代表数组首地址。在编译时对数组 str 分配了一段内存单元，因此在程序运行期间 str 是一个常量，不能再赋值。应该把 char str[6] 改为 char *str。

(10) Constant expression required。

检查：

• #define 常量是否拼写错。

• 数组的大小是否是常量。

(11) Type mismatch in redeclaration of "xxxxxx"。

检查：

• 原文件中是否把一个已经说明的变量重新说明为另一类型。

• 一个函数被调用后是否有被说明为非整型。

例如：

```
int main()
{
    float a,b,c;/＊定义三个整型变量＊/
    scanf("%f%f",a,b);/＊输入两个整数＊/
    c=max(a,b);/＊调用 max 函数,把函数值赋给 c＊/
    printf("%f",max);/＊输出 c 的值＊/
}
float max(int x,int y) /＊定义函数 max＊/
{
    float z;/＊函数内说明语句,定义 z＊/
    if(x>y) /＊当 x>y 时,把 x 赋给 z,否则把 y 赋给 z＊/
        z=x;
    else
        z=y;
    return(z);/＊返回 z 值＊/
}
```

上面的程序在编译时产生出错信息，因为 max 函数是实型的，而且是在 main 函数后才定义。改正的方法：一是在 main 函数中增加一个对 max 函数的说明，二是将 max 函数的定义位置调到 main 函数之前。

附录3　编译预处理

程序设计语言的预处理是指在编译之前进行的处理。C语言的预处理主要有三个方面的内容：①宏定义；②文件包含；③条件编译。预处理命令以符号“#”开头。

一、宏定义

1. 不带参数的宏定义

宏定义又称为宏代换、宏替换，简称“宏”。

格式：

```
#define 标识符文本
```

其中的标识符就是所谓的符号常量，也称为“宏名”。

预处理（预编译）工作也叫作宏展开，即将宏名替换为文本（这个文本可以是字符串、代码等）。

掌握“宏”概念的关键是“换”。一切以换为前提，做任何事情之前先要换，准确理解之前就要“换”。也就是说，在对相关命令或语句的含义和功能进行具体分析之前就要换。

例如：#define PI 3.1415926。

在编译时，会把程序中全部的标识符PI换成3.1415926。

说明：

（1）宏名一般用大写。

（2）使用宏可提高程序的通用性和易读性，减少不一致性，减少输入错误和便于修改。例如，数组大小常用宏定义。

（3）可以用#undef命令终止宏定义的作用域。

（4）宏定义可以嵌套。

2. 带参数的宏定义

除了一般的字符串替换，还要进行参数代换。

格式：

```
#define 宏名(参数表)文本
```

例如：#define S(a,b) a*b

如果程序中有语句：area=S(3,2);

第一步被换为：area=a*b;

第二步被换为：area=3*2;

这里宏替换类似于函数调用，有一个哑实结合的过程。

注意：

(1) 实参如果是表达式容易出问题。

如果定义：#define S(r) r*r

则：area=S(a+b)；

第一步被换为：area=r*r；

第二步被换为：area=a+b*a+b；

因此，正确的宏定义是：#define S(r)((r)*(r))

(2) 宏名和参数的括号间不能有空格。

(3) 宏替换只做替换，不做计算，不做表达式求解。

(4) 函数调用在编译后程序运行时进行，并且分配内存。宏替换在编译前进行，不分配内存。

(5) 宏的哑实结合不存在类型，也没有类型转换。

(6) 宏展开使源程序变长，函数调用不会。

(7) 宏展开不占运行时间，只占编译时间，函数调用占运行时间（分配内存、保留现场、值传递、返回值）。

二、文件包含

文件包含是指一个文件包含另一个文件的内容。

格式：

#include"文件名"

或

#include <文件名>

编译时以包含处理以后的文件为编译单位，被包含的文件是源文件的一部分。编译以后只得到一个目标文件.obj，被包含的文件又被称为“标题文件”“头部文件”“头文件”，并且常用.h作扩展名，修改头文件后，所有包含该文件的文件都要重新编译。

头文件的内容除了函数原型和宏定义外，还可以有结构体定义、全局变量定义。

说明：

(1) 一个#include命令指定一个头文件。

(2) 文件1包含文件2，文件2用到文件3，则文件3的包含命令#include应放在文件1的头部第一行。

(3) 包含可以嵌套。

(4) <文件名>称为标准方式，系统到头文件目录查找文件，“文件名”则先在当前目录查找，而后到头文件目录查找；被包含文件中的静态全局变量不需要在包含文件中声明。

三、条件编译

有些语句希望在条件满足时才编译。

(1) 格式:

```
#ifdef 标识符
    程序段 1
#else
    程序段 2
#endif
```

或

```
#ifdef
    程序段 1
#endif
```

当标识符已经定义时，程序段 1 才参加编译。

(2) 格式:

```
#ifndef 标识符
#define 标识 1
    程序段 1
#endif
```

如果标识符没有被定义，则重定义标识 1，且执行程序段 1。

(3) 格式:

```
#if 表达式 1
    程序段 1
#elif 表达式 2
    程序段 2
……
#elif 表达式 n
    程序段 n
#else
    程序段 n+1
#endif
```

当表达式 1 成立时，编译程序段 1；当表达式不成立时，编译程序段 2。

使用条件编译可以使目标程序变小，运行时间变短。预编译使问题或算法的解决方案增多，有助于我们选择合适的解决方案。

此外，还有布局控制：#pragma，这也是我们应用预处理的一个重要方面，主要功能是为编译程序提供非常规的控制流信息。